小抱怨也是正能量

7大抱怨法则，
助你拆穿艰难人生

彭麦峰——著

北京理工大学出版社
BEIJING INSTITUTE OF TECHNOLOGY PRESS

图书在版编目（CIP）数据

小抱怨也是正能量 / 彭麦峰著. -- 北京 : 北京理工大学出版社, 2016.12
ISBN 978-7-5682-3333-0

Ⅰ. ①小… Ⅱ. ①彭… Ⅲ. ①情绪－自我控制－通俗读物 Ⅳ. ①B842.6-49

中国版本图书馆CIP数据核字(2016)第268429号

出版发行 / 北京理工大学出版社有限责任公司
社　　址 / 北京市海淀区中关村南大街 5 号
邮　　编 / 100081
电　　话 / （010）68914775（总编室）
（010）82562903（教材售后服务热线）
（010）68948351（其他图书服务热线）
网　　址 / http: //www.bitpress.com.cn
经　　销 / 全国各地新华书店
印　　刷 / 三河市金泰源印务有限公司
开　　本 / 700 毫米 × 1000 毫米　1/16
印　　张 / 11
字　　数 / 123千字
版　　次 / 2016年 12 月第 1 版　2016 年 12 月第 1 次印刷
定　　价 / 32.00元

责任编辑 / 武丽娟
文案编辑 / 武丽娟
责任校对 / 周瑞红
责任印制 / 边心超

图书出现印装质量问题，请拨打售后服务热线，本社负责调换

目 录

前 言

活着已经够不容易的了，抱怨一两句还会把生活变得更糟糕，这是谁都不愿意看到的事情。但是，你能做到不抱怨吗？我们都清楚地知道——做不到！所以我们还得继续抱怨生活。那么在抱怨的过程中，难道一定要承受抱怨带来的负面结果吗？不必！所以我们来研究如何进行有效的抱怨！

身边有那么多让人难以忍受的事情，你觉得还需要继续忍下去吗？你还能忍多久？忍无可忍了是吗？那就说出来吧。这样你会好受点，给自己一个机会，让自己彻底抱怨一下，把所有的不悦统统发泄出来。当你发泄完后，你会发现，原来这样是可以让自己高兴起来的。

不管怎么样，生活仍然在抱怨中继续。抱怨是一门语言艺术，如果你真的学会了，我相信，你以后再也不会为“抱怨”而苦恼了，而且它还有助于提高你的社会能力，何乐而不为？

读者在阅读前，可以闭目回忆，回忆自己的生活，回忆那些令你感到烦躁的抱怨声，你是不是觉得在抱怨的过程中，事情变得越来越复杂了？是的，那是因为你使用了错误的抱怨方法。所以，仅仅理解“抱怨对生活是有积极作用的”并不够，你还要知道如何运用抱怨，才能使你的生活发生积极变化。这也是本书的一个亮点。细细品来，你会发现，原来不知不觉中，关于抱怨，你已经做错了这么多。不妨跟着本书中所涉及的抱怨，开始积累经验，总有一天你会成为生活的高手，愉快地生活。

以前，我常听家里人说："会叫的猫饿不死。"我一直不理解，现在我算是理解了，因为会叫的猫永远都会有人去可怜它们，于是它们就可以得到吃的，就不会被饿死。后来在一本书上又看到这么一句话："蛮牛不吭声，累到死。"这是一个悲剧。蛮牛，大家都以为它力大无穷，于是不停地让牛去耕田，而牛又不会抱怨，只会在劳动的过程中累死。你不会是蛮牛吧，如果你连抱怨都不会，那你真活该是一头蛮牛。不想做蛮牛的话，尝试着抱怨吧。

要知道，这个社会是个集体，人与人之间存在相互帮助、协作，才有个体的提高。如果连基本的内心诉求都不敢、不会、不能表现出来，总有一天会被内心的苦闷憋坏。因为生活跟猫和蛮牛的故事一样，不会抱怨就不会得到他人的帮助，不会抱怨就少了与别人的交流。

本着这些理念，我把我遇到的一些关于抱怨的事记录下来，并积极思考抱怨在生活中的重要性，还思考了如何抱怨才能使自己发挥最大能量。如今这些想法也随着这本书一一呈现给大家，如果你觉得有共鸣，就不妨翻开一读为快。

大师说的话不一定都是真理，真理也不一定都写在教科书上，共勉。

第一章

人生已是如此艰难，有些事情需要拆穿

话说我们这一生，快乐都是伴着痛苦的。你看，从来到人世的那一刻开始，我们就得开始不断地适应这个世界上的一切。出生，要适应大气压与胎盘之间的压力差，要忍受第一次吸入空气时稚嫩的肺部被空气刺激而产生的疼痛；长大后，要学习知识，与人交流，听从家长和老师的安排；独立生活后，还要找工作，安排生活……诸如此类，让我们时常感慨人生为什么如此艰难啊，我们是不是应该来点抱怨，发泄一下情绪呢……STOP！快打住，你看，有些“高人”说抱怨是不对的，把抱怨说得像洪水猛兽般可怕！这下我们该怎么办？对于抱怨，我们该何去何从啊？

一、我被“零抱怨”的励志大师忽悠了

在大学的时候，我一直都非常坚定地认为抱怨是无能的表现，可是却控制不了自己想要抱怨的念头，于是每次抱怨过后，我的内心便羞愧不已。但不管我经历多少次羞愧、多少次深刻的自省，之后的我还是会抱怨，而且如果不抱怨那么一两句，就没法进入正常的工作、生活状态，心里烦躁不安。我好生困惑，这是为什么呢?

从小，老师就告诉我，抱怨不是一件好事，人只有在心平气和的情况下，才能好好做事情，做好事情，而且还给我列举了很多例子，让我明白“抱怨”是毫无用处的不理智的行为，“不抱怨”才是一种健康、向上、值得追求的人生态度。因此，我从小就接受了这一观点。可是当我的年纪越来越大，我反而开始不明白了，为什么我明明知道抱怨是一种不被人认可甚至被人鄙视的行为，自己怎么还是忍不住想要去抱怨呢?难道我的自我控制能力真的有这么差?

为了根治我的“抱怨”，让我可以更好地生活，不被人鄙视，我不惜花血本报了许多励志大师开办的各种课程。但很不幸的是，大师们告诉我的，依然是我从小就明白的那个道理——抱怨是毫无用处的且不理智的行为。好吧，很明显，大师们在不厌其烦地告诉我这个道理，而我也一如既往地明白这个道理，但最可悲的事情是——我依然做不到大师们所说的“零抱怨”。

对于无法做到“零抱怨”，让我既恼火又痛苦，以至于我有时候会怀疑自己是否适合生存在这个世界上，像我这种总有抱怨情绪的人是不是多余的，或者，我根本就不是这个地球上的生物，要不然，我怎么这么不符合这个世界的行为准则呢？

直到有一天，我看到了一则新闻，才让我有了继续“活”下去的勇气，才让我相信，原来，我是个正常的地球人啊！我是从中国日报网上看到这则新闻的，新闻里引用了国学大师季羡林先生在清华大学读书时的日记，季先生在日记里抱怨道：“不是你考，就是我考，考他娘的什么东西？”“今天整天都在预备Philology，真无聊。我今年过的是什么生活？不是test，就是reading report，这种生活，我真有点受不了。”这则新闻被多家媒体迅速转载，震惊了许多人。同样，也震撼了我的心灵：“啊！原来大师级的人物也会抱怨！”

接下来又发生了一件事情，让我更坚定了“人是要抱怨的”这个念头。有一天我去参加一个励志大师的课程，正逢大雨，当我赶到的时候正巧在电梯间遇到了那位有名的励志大师，只听他正在对他的助手说：“这个地方的交通怎么这么糟糕，才下这么一点雨，就堵成这个样子，害得我都要迟到了，还到处都是积水，真不知道这些城市管理者是干什么的……”啊！原来站在演讲台上教育大家不要抱怨的大师，遇到不顺心的事情也是会抱怨的。那他为什么还要忽悠我做到“零抱怨”呢？

有了这些例子，我开始大胆抱怨起来。以前每天早晨上班的时候搭乘可以把人挤成照片的地铁，我只是默默忍耐，用励志大师们教的“零抱怨”法则来疏导自己的郁闷情绪，像什么转移注意力啊，换角度思考问题啊诸如此类的办法来调节自己的心态，努力不让自己有任何抱怨的情绪。现在，我不再让自己沉默了，我一边挤一边抱怨：“地铁公司真是没智商，就不知道上下班高峰的时候多加几个班次，害的人都挤得喘不过来气了……”正当我如此抱怨的时候，就听到边上有人响应说：“可不是吗，也不知道地铁公司怎么想的，一点都不灵活。”接下来边上几个人都开始七嘴八舌地抱怨这拥挤的地铁，那一瞬间，我忽然觉得我内心里因为挤车产生的烦躁情绪缓解了许多。原来，不止我一个人对这个情况不满意，原来很多人都在心里抱怨着。原来，我的抱怨是正常人的正常反应。我将“不抱怨”和“抱怨”两种行为做了一个对比，发现以前自己不抱怨，用各种方法来调节情绪，既浪费时间又折磨自己，而且效果也不是很好。而简单地抱怨几句，就能将我内心的积郁一吐而空，心情也随之轻松愉悦起来。

因此，我得出了一个大胆的结论：“零抱怨”并不是应对生活的最好方式，有效的抱怨才能更好地应对这个节奏紧张的社会。至此，我恍然大悟，原来励志大师们在集体忽悠我。不抱怨的世界，根本不会存在，也不是解决问题和提高效率最好的方法！

与其努力做到励志大师所说的“零抱怨”，还不如让人们相互理解抱怨产生的原因，包容抱怨或者制造机会供人发泄抱怨，以此来达到减压的目的。

比如，我有一个朋友，她在一家通信公司做电话客服，每天要接听超过两百个的投诉电话，而每个打来投诉电话的人都是带着指责的语气质问客服，她就变相地成了顾客的出气筒。她们公司并没有要求客服人员以“顾客是上帝”为由让她们做到“零抱怨”，而是专门给她们设置了一个房间，在这个房间里她们可以摔东西、大声喊叫、踢打一些设施，甚至可以咒骂，以此来及时发泄抱怨、委屈、愤怒等一些负面情绪。所以，员工们即便面对扑面而来的质问声，也能保持平和、甜美的语气跟顾客交流。

这让我意识到，其实我们完全没有必要保持“零抱怨”的状态，而是要适当地、有效地进行抱怨，有效的抱怨可以达到释放压力、缓解情绪的作用。明白了这个之后，我再也没有去听励志大师们的“零抱怨”课程了。

二、读懂抱怨之后的美好生活

当我意识到“零抱怨”是一个彻头彻尾的错误之后，我便开始尝试使用“抱怨”，因为有效的抱怨能让内心的负面情绪得到舒缓，而且认识了抱怨的作用会让你理解他人的抱怨。所以，不管是自我抱怨，还是别人抱怨我，我都能将其运用得恰到好处，发挥它的积极作用。（注意！是发挥抱怨的积极作用。）

之前很多人认为，抱怨百害而无一利，他们认为抱怨是指责行为的一种。如果这样理解抱怨，那么在面对抱怨的时候，很自然的就会认为对方是在责备、埋怨自己，结果就是要与对方理论。事实上，许多时候人们的抱怨并非在指责什么，只是通过这样的方式来发泄负面情绪而已。所以，我们可以换个角度看待抱怨——抱怨是一种可以让人发泄情绪的行为。

一旦理解了抱怨的真正目的，当人们再去面对抱怨的时候，就不会担心自己被他人指责，就能理智地面对抱怨。在这种情况下，抱怨就能发挥积极的作用了。

那我又是怎样让我身边的“抱怨”发挥积极作用的呢？

估计大多数人都会有一个爱抱怨的老妈，而老妈抱怨的对象通常就是家人了。我弟弟有时就受不了妈妈的抱怨，被妈妈的抱怨激怒从而爆发激烈的争吵。比如，有一次弟弟正在房间里上网查资料，就听见妈妈在客厅里大声地抱怨道："这地板都脏成什么样子了，也不知道帮忙打扫一下，天天什么都得我来干，一天累死累活的，都没有人帮把手……"弟弟一听，就以为妈妈在指责他不干活，于是就出去跟妈妈争执起来："我怎么不帮忙了，我昨天还打扫来着，再说，现在看起来也不是那么脏啊！你要是觉得脏我扫干净就是，用不用那么大声抱怨啊，又不是什么大不了的事情！"结果，妈妈就像被点着的炸药包一样一发不可收拾，开始数落弟弟，什么弟弟不用心学习啦，乱花钱啦，不听大人话啦，连弟弟三岁那年做的错事都翻出来说，弟弟一怒之下摔门而去，妈妈也气得直哭……这样的事情多了，弟弟和妈妈的关系自然变得不亲近了。

其实，这就是我弟弟不理解妈妈的抱怨而造成的不良后果。如果他理解了妈妈的抱怨，事情就不会这么糟糕了。其实，人在抱怨时往往有潜台词，比如妈妈说的那句话，并不是指责谁的意思，而是潜在希望孩子们能懂事一点，并不是真的要孩子来帮忙扫地什么的。所以，当我听到妈妈这样抱怨的时候，通常会对妈妈说："真的是辛苦老妈了，你去休息吧，我来把地板弄干净。"于是妈妈就会停止她的抱怨和唠叨，跟我说："哎呀，我不用你干，你去看书吧，这点活儿我还能干，你知道心疼妈就行。"

这说明了什么？说明了抱怨本身并不是指责，而是潜意识地发出内心的渴望而已，或者是单纯的发泄，或者渴望得到理解和关注等，弄懂了这一点，你就能明白别人对你抱怨的目的是什么了。

当然了，抱怨行为也不仅仅出现在日常生活中。在网络上，只要你稍微留意一下微博上的留言，你就会发现这么一个现象：抱怨现状的永远比说道理的多。他们抱怨天气、抱怨交通、抱怨教育和医疗制度、抱怨娱乐明星赚钱太容易而自己累死累活还赚不到人家的零头、抱怨政府不和日本开战……几乎没有他们不抱怨的东西。

这是为什么？这并非这帮骂人的网友吃饱了没事干，也并非真的要指责点什么，他们就是想发泄一下他们自己的情绪而已，而这些情绪通常与新闻的内容没什么关系。例如，见到某个不喜欢的明星的新闻，就开始大骂特骂，他们才不管这个明星干了些什么事情，是好事还是坏事，只是在用八卦新闻满足了自己的窥探欲之后，再胡乱发泄一下而已。他们不会上街制造暴乱，也不会放火烧房子，更不可能自己去夺回钓鱼岛，看起来他们仿佛都胸怀深仇大恨，好像不干点什么就不行一样，其实，他们抱怨完了，发泄完了，该干嘛还干嘛，你真犯不上和这样的人较真。

好了，读懂别人的抱怨，理智地对待抱怨，积极地处理抱怨，这样才会身心愉悦。

三、4 种性格类型的抱怨形式

你以为所有的抱怨都是针锋相对地说一通吗？那你就错了。说起来，抱怨的形式那可是千奇百怪，无奇不有的。如不注意，你根本不知道那是在抱怨。自从我认定我已经理解了抱怨的本质之后，我就开始对他人的抱怨加以包容，本以为生活可以快乐许多，但是有一次，我差点不知道摆在我面前的也是一种抱怨，原因起源于一个词语——冷嘲热讽。这个词是什么意思就不用解释了，就说说我遇到的一个跟“冷嘲热讽”这个词有关的抱怨事件吧。

有一次，还是我那位不明事理的弟弟，不知道什么原因和妈妈又闹得不欢而散。之后弟弟那不满的内心开始寻求从我这边获得释放，他跑到我房间，拿起我看过的书翻了几页，便开始冷嘲热讽起来：“哟，有学问啊，埃德尔曼的认知行为治疗法，看了这书估计都能去精神病院了吧。”

“你什么意思啊？！”我有点生气。

“别误会，这么着急干吗？我是说看了这书是不是都可以去神经病院帮人看病了，有前途啊，妈妈是该好好栽培你。”

听到这，我才明白过来，原来弟弟是在抱怨妈妈对他不好。因为他刚跟妈妈闹别扭，但是又实在找不到发泄的途径，也不好针锋相对地跟妈妈吵起来，当然也不好意思跟我吵，于是用这种方式来抱怨。因为弟弟的确某些方面很不讨人喜欢，虽然他也努力了，但是总看不到效果，所以妈妈每次看到他总想说他点什么。

人不能长期处于压抑状态，当妈妈数落完弟弟后，弟弟为了舒缓内心的情绪（我相信这不是他特意而为的，而是下意识地表现出这种行为而已），便采取了冷嘲热讽的方式来表达抱怨。

随后，我主动安慰弟弟："不要这么说，人各有命，妈妈这么说你，也是为你好，你就迁就一下她，让她说几句，她心里舒服了也就没事了，你该做什么还是做什么，努力就是了。"

至此，弟弟仿佛好了许多，开始认真地跟我讨论起"挖土机经营"的话题（他想经营一台挖土机）。过后，我回想起当时差点跟弟弟争吵起来，幸好我及时理解了这也是一种抱怨。

是的，日常生活中，你分辨不出的抱怨形式多了去了，搞不好你还以为别人在表扬你呢，或者认为别人要跟你干一架，这都说不好。反正，见识多点抱怨形式，对自己没有坏处。

说到抱怨形式，我想起一个地方，我们先从这个地方说起，慢慢了解这个世界上诸多的抱怨形式，你会发现，这真是一个不错的心理奇幻之旅（要是继续深入了解人的抱怨，你会发现，人是如此的奇妙）。

在北京五道口，有一个铁路道口，火车经过此地，警钟会响起，栏杆会放下，所有的人、汽车都得给火车让道。而五道口是北京著名的高新科技产业基地之一，在那里上班的人都忙得跟蚂蚁似的，让他们停顿一秒都恨不得要抓狂，栏杆放下的那一刻，你眼前就会呈现出一个抱怨的世界——各种性格的人同时发出抱怨。看吧，这种情形会让你彻底看清这个世界上有多少种抱怨。

是的，我仔细观察过，当栏杆放下的那一刻，人的表情会瞬间发生180°大转变。有人在车内看着火车皱眉头，然后深舒一口气，看一下手表，开始抱怨："这能不迟到吗？"有人大喊大叫："也不看看这是什么时间，火车了不起啊，什么时候不来，非要在大家赶着去上班的时候路过，这不是存心吗？"随后又阴阳怪气地说，"等吧，哈哈，都这么等着，我无所谓。"有人表面若无其事的样子，但是内心却无比的纠结，其内心独白是："我不会轻易生气的，你们这帮浑蛋不就想看到我生气的样子吗？我偏不，让你们失落死……"实在等不下去了，就一边抱怨一边调头走，尝试寻找一条更合适的道路。当然，也有的人拉着身边的朋友说："再这么下去，这一片上班的人都不用上班了，我觉得啊，市建委应该考虑在这个地方修一座天桥，要不然，这迟早出事。每天都这样，那怎么行呢？"

反正，你会看到各式各样的抱怨形式。说到这，大家觉得奇怪，对同一件事，人们所表现出来的抱怨形式各不相同，这让人有点分不清哪些人在抱怨，哪些人不抱怨。其实，分不清是正常的，毕竟一样米养百样人，什么类型的人都有，谁能完全看明白别人的真实内心呢？

不过也不至于这么悲观，人的心理始终有其规律性，总结起来，大概有4种抱怨形式，这是由每个人的性格决定的。这4种形式是根据人的4种性格而加以区分的，4种性格分别是：活泼型、力量型、完美型、和平型。这4种性格的人分别表现出4种不同的抱怨形式。

有了以上说的 4 种性格的人的抱怨形式，我们就能对各种抱怨形式加以应对，当然，反过来应对自己的抱怨也是同样有效的。

1. 活泼型性格的抱怨形式——誓要把心中那团火喷出去

活泼型性格的人，他的抱怨形式可谓变化多端，甚至无中生有，所以他是最难安抚的一种人。因为性格活泼、热情、多变，所以，即便是同一件事，在不同的时间点也会有不同的认识和理解。这种人抱怨起来，一茬接一茬，时而冷淡时而狂躁，使人抓不住重点。

大家看过《西游记》吧，里面有个人物叫猪八戒，他就是典型的活泼型性格的人，一会儿抱怨肚子饿，一会儿抱怨走累了，一会儿抱怨悟空看不起他的本领。即便沙僧如何安抚他，他始终心存抱怨。但奇怪的是，他虽然抱怨多，但惹事的时候还是很少的，基本上是内心不服，但行为上却不抵触，该服从的他还是会服从。所以在《西游记》里，你会看到每当孙悟空要八戒到前面探路时，八戒总是一边抱怨一边去前面探路。所以，这种类型的人有一个很显著的外在特点——话多。

在生活中，如果你遇到话多的人，基本上可以判定是活泼型性格的人，他们的抱怨跟八戒一样，没完没了。我身边就有不少活泼型的人，因为学音乐的关系，所以很多同学都比较活泼，一会儿一个主意那是经常有的事情。记得大学期间，班级要搞每月的汇报演出，这回的演出跟以往的有些不同，这次艺术系的同学要跟数学系的同学一起完成。

临演出还有两天的时间，同学们开始布置舞台，发现舞台缺少一架钢琴，于是有 5 位数学系和 3 位艺术系的同学到琴房里抬钢琴。大家知道，钢琴是一种很笨重的乐器，而且在移动的过程中如有撞击，难保其音准质量，所以那8位同学抬得很是辛苦。

在抬钢琴的过程中，数学系那5位同学尽管汗流浃背，但还算是安静的。而艺术系的那3位同学就坚持不住了，因为受力角度以及移动方位等问题，开始喋喋不休地抱怨对方多么多么的笨。其中一位艺术系的同学觉得应该把竖立式钢琴平放，这样可以增加每个人的受力点，而另一位艺术系的同学认为这样不合理，平放着钢琴，就意味着占地面值大，遇到小道或者走廊就比较麻烦。还有一位艺术系的同学则主张把钢琴拆分，到礼堂后再组装，至于调音，只好麻烦器乐班的同学配合调音。为此，三个同学争论不休，最后谁的观点都不采用，数学系的同学见状纷纷动手，艺术系的同学见别人动手，于是也上去搭把手。钢琴就在这你一把、我一把的情况下抬出琴房了。钢琴是抬出来了，但是过程却让人纠结得很，由于之前几种方案都没使用，于是艺术系那几位同学一边抬一边喋喋不休地埋怨着。而数计系的同学也受不了这种抱怨，于是反击道："你们这么厉害，干吗不一个人抬回去。没有你们我们也照样抬。"

要知道，艺术系的人思维活泼得惊人，你认为艺术系的人接着会针对抬钢琴这件事反驳吗？错了，他们会跳过这一层面说："早知道就不投票和你们数学系的人一起表演，根本就笨得没有办法合作。"

"你说什么？你说谁笨呢？！"

"不是笨是什么？好好的钢琴竟然抬成这样，要是按照我们刚才说的去做，现在早把钢琴抬到舞台上了。"看吧，刚才还在说投票跟谁表演的事，突然又转到抬钢琴这件事上，转而又引发关于"数学系的同学笨还是不笨"

的话题。

本以为钢琴搬到舞台上，这场抱怨就该结束了，可是艺术系的那几位同学还是喋喋不休地相互抱怨，而且话题随着时间的推移被扩大化。最后，老师说了一句："同学们，你们辛苦了，害的你们都要吵起来了，我在这里感谢你们。"

至此，同学们才停止这场抱怨。

这就是活泼型性格的人的抱怨方式。他永远不针对一个点进行抱怨，而是一连串地对那些看似有联系的点进行抱怨，最终达到击垮对方的目的。针对这样的人群，如果不让他们一吐为快，他们永远不愿停止抱怨。其实，他们抱怨也不是为了什么，当然也不会在抱怨的时候做出对抗性的行为。所以，活泼型性格的人话多，只要不让他们把抱怨的话抱怨完，他们还是会一直抱怨的，直到有人站出来跟他们说对不起为止，这是典型的誓要把心中那团火喷出来才罢休的人。

当然了，活泼型性格的人抱怨起来极其明显，直截了当，如有人跟他争论，正中下怀，他更加觉得兴奋，非要跟你争论到底，到最后赢的肯定是他，因为他的思维比其他类型的人都要活跃。好了，一顿抱怨和争论之后，只要他感受到对方已经服服帖帖了，他也就罢休了。该听别人使唤的时候，他还是听别人使唤，该对别人好时他还是对别人好。跟猪八戒一样，抱怨归抱怨，还是得去替大师兄到前面探路。

2. 力量型性格的抱怨形式——找到方法之前还是要烦你

有一种人，能力超凡，在别人眼中，他就是孙悟空。遇到困难时，他总能想到解决办法，所以这种人很少会叽叽歪歪地抱怨什么。但是，当他无奈的时候，也还是会透过抱怨来缓解情绪，他用的是另外一种新的抱怨形式，跟前面所说的叽叽歪歪地抱怨的人绝然不同，这种人来得更隐秘，更有爆发力，我们称之为力量型性格的抱怨。

也许你很少能感受到力量型性格的人的抱怨，因为这部分人的抱怨往往穿插在工作中。假如你公司有做技术比较牛的人，在团队合作的过程中，会听到这类人牛气哄哄地质问你："你这是怎么搞的，这么低级的错误怎么能犯呢？明显不行嘛，你可以试着想其他办法，这里应该改成……或者改成……别老是一根筋似的。"

你发现没有，表面上看他们是在教训人，其实并非如此，而是他们很无奈才会这样。如果不以这样的语气跟人交流，他就没法平复自己的情绪。另外，这样的人，抱怨的同时也在寻求解决的办法，所以他的抱怨是关切到实际的，比如说抱怨的人所说的这些话，"明显不行嘛，你可以试着想其他办法，这里应该改成……或者改成……别老是一根筋似的。"这些话里面包含着实际的工作内容，对问题进行调整、解决的办法。

为什么力量型的人会表现出这样的抱怨形式呢？很简单，因为力量型的人讲究实际效果，每当遇到难题的时候，他总会习惯性地去寻求解决方案，他习惯了让自己的能力发挥到极点，超越大家。虽然问题让他烦躁，但是他还是在一边抱怨一边努力解决问题。不理解的人会认为这样的人牛气哄哄，好像在教训人一样。

不知道你有没有发现，如果你家的电灯坏了，你打电话叫电工来帮忙修理（如果刚好遇到那种做了几十年电工的老师傅），而导致你电灯坏的原因其实很简单，只是钨丝断了，只要换一个电灯泡即可。此时老师傅会很不耐烦地教育你："这点常识你都不懂？钨丝都断了，灯泡当然不能用啦，你直接到五金店买个电灯泡回来装上就可以了，还用得着叫我来，而且我还不能多收你的钱，你说这多不值得啊，是不是？我要是总遇到你这样的顾客，钱没赚到还把时间都浪费了，有这工夫我都能去帮人修一个变压器了。"

这时你千万别说话，让他说完就行了，电工师傅并没有说不帮你换电灯泡，他只是想抱怨一下，发泄他那点无奈而已。这就是力量型性格的人的抱怨形式，这种人一般出现在技术或者管理型人才里。

3. 唯美主义的抱怨形式——打破砂锅问到底，誓要得出结论

我之前对一种人特别反感，这种人有着非常挑剔的眼光，非常挑剔的言辞，即唯美主义者。大家应该都接触过这种人，第一感觉就是——这人太执拗了。是的，唯美主义者容不得半点沙子在他眼里。但事实上，世界上哪有百分百完美的事物？所以唯美主义者常常处于纠结状态，纠结他人的言辞不当，纠结社会不公平，纠结书本的理论不健全，纠结女朋友太爱花钱……

当然了，一旦有人跟唯美主义者理论，他便"大开杀戒"，一直说到你服帖为止，这就是唯美主义者的抱怨形式。不仅抱怨，他要是遇到不舒畅的时候，就会找人跟他理论，一直理论到对方认可他的观点，有时候是强加一些观点给对方，对方"毫无反抗"之力后，他才觉得释怀。所以，不只是我，许多人都不太愿意跟唯美主义者交流，因为没有多少人对追求

的要求这么完美。

还是回到我上学的年代吧，因为我学的是艺术，所以有机会认识不少学美术的同学。遇到这种人你可要注意了，他们的性格像极了他们的偶像凡·高或者高更，他们一样执拗。

还记得在我宿舍隔壁，住着几位美术生，每天晚上，只要你不去自习，就能听到他们宿舍里的各种争论的声音，没完没了，但也没见他们何时动手打起来。有一次，我出于好奇，便到他们宿舍去转转，这回可好了，我一进去立刻有同学拉着我说："对，你来得刚好，你是学音乐的，你说说古代的竖琴最早是不是在教堂里发展起来的。"

我当然得谨慎啦，于是很谦虚地说："这个我真不知道，没有了解过。"

原来，在我还没进到这宿舍之前，有两位美术系的同学在争论竖琴的历史，有一位同学拿出教科书加以证明，到这，这个争论似乎可以结束了，但是另一位同学却抛出了"教科书是为国家服务的书，不可信，得拿出乐器的研究机构的论文才能证明"的论调，于是争论被升级了。而我夹在中间，不知所措，只好离开了他们宿舍。

当然了，他们并不是在抱怨，只是在争论。但是过后的抱怨确实是长期而坚决的。一个星期后，我分别在两个地方遇到美术系那两位同学，两位同学的语言风格大致相同，内容大致相同，都是跟我抱怨对方是怎么不尊重历史的，最后拿出各自的历史论证，说明竖琴的历史其实是这样或者那样的。哎，其实我并不关心竖琴的历史，我只想聊点别的，比如今晚去哪里吃羊肉串之类的。可是遇到他们，你只好当陪衬了，他们都有打破砂锅问到底的精神。如果你不配合，他们势必会长时间闷闷不乐，严重的甚至怀疑对方是不是故意刁难他。所以，抱怨会一直持续，直到有个权威的人告诉他们竖琴的历史是怎样的。

类似唯美主义者的抱怨，很难找到有效的方法平息他们的抱怨，因为他们不仅仅是抱怨，还要在抱怨中证明自己是对的。他们不同于力量型或者活泼型的人，力量型和活泼型的人只是单纯为了舒缓情绪，而唯美型却更上一层，抱怨已经没法舒缓情绪，别人的认可，彻底认可，才是他们的目的。所以，有时候我会假装认可他们的观点，给予他们称赞，他们就不再抱怨了。

4. 和平型性格的抱怨形式——用无声对抗有声

和平型性格的人比较憨厚，但是抱怨起来却是无声无息的，让人不知道他为何不高兴。还是说《西游记》里面的人物吧，沙僧是典型的和平型性格的人，每次有抱怨的时候就会独自蹲在一旁，用无声对抗有声，这是和平型性格的人的抱怨形式。

在我小学毕业的时候，身边发生过这么一件事，那一年的暑假，我闲着没事就跟小叔去看电影，结果爸爸到处找我都找不到，等我和小叔回到家，爸爸几乎要疯掉了，他把小叔拉到一边，又是教育又是责怪："你说你都这么大一个人了，怎么带孩子出去不知道先跟大人说一声呢？你不知道这样会让多少人着急吗？亏你还是孩子的叔叔。"

小叔本来是一片好心，知道我放假了，带我出去放松一下，结果竟然被我爸也就是他哥哥责怪了一顿，他肯定是有苦难言。傍晚的时候，小叔一个人坐在大厅，嘴里时不时地还唠叨几句："你以为我想带他出去啊！

你整天不带孩子出去，那孩子天天在家憋着多可怜啊。”

当时我不知道小叔这是在抱怨，现在明白了，这就是那种和平型性格的人的抱怨形式，他采取的方式是不正面对抗，不正面抱怨，而是一个人待在一个地方痛快地抱怨，等他抱怨完了，他也就舒坦了。

但是，正当他抱怨的时候，如果有人上前跟他搭话，问他在干吗，他就会回避，甚至极力掩饰当时的情况。

比如，当时奶奶正好走过来，问小叔：“你一个人在这干吗？”小叔刚才还阴沉着的脸一下子变成了笑脸，他站起来跟奶奶说：“没事，就是闲着在这待一会儿。”说完，就回到自己的房间去了，估计回到房间还是会自言自语地抱怨我爸责怪他的事。但是第二天，小叔就跟我爸和好了，他跟着我爸去干活，而且很听话，仿佛完全忘记了昨晚的抱怨。

是的，和平型性格的人抱怨起来最不烦人了，他几乎可以自愈，而且也不是那么爱抱怨，这就是女人眼中的好男人，不是吗？

小测验

你的抱怨让你的人生变得更凄惨吗?

你也许在利用“抱怨”来缓和你的生活状态，但是存在一个问题，并非所有的抱怨都是有效的，所以你有必要测验一下，你的抱怨是不是有效的。如果你的抱怨让你的生活变得更凄惨，那么，请换一种抱怨形式；如果你的抱怨让你的生活变得更好，那么，请继续以你现在的抱怨形式去抱怨吧。

测验方法：参照下面的抱怨形式，看看是否与你的抱怨形式相符。

1. 当你抱怨之后，你发现有更多的人跟你理论你所抱怨的事。（是 / 否）

选择是：你的抱怨形式不正确，你把抱怨当作辩论了，或者你没有更好地传递出你的无奈，引起了他人的反对，所以很多人对你不满。

选择否：证明你已经正确传递出了你的无奈，引起了共鸣，所以他人会理解你，给予你安慰。

2. 当很烦躁的时候，你跑到一个地方大喊一声，所有的不快都发泄出来了。（是 / 否）

选择是：证明你的发泄真的对你有用，你心情舒畅了许多，但是这种方式不能长期用，当你的心情得以舒缓后，就要想办法解决问题，而不是长期依靠这种抱怨方式去解决内心的苦闷。

选择否：你的发泄还不够，所以你的抱怨形式应该更激烈些。

3. 你自言自语地抱怨，最后导致旁边人听不惯你的话，有的甚至跟你说："安静点行吗？吵死人了。"（是 / 否）

选择是：你的抱怨对象错了，你应该选择在和你有同样遭遇的人旁边自言自语地抱怨，对方听到了，你们才能形成共鸣，才能达成相互安慰的预设协议。

选择否：你已经学会了在抱怨的时候选择对象，你的抱怨方法有长进了。

4. 你跟你的同事或亲人抱怨时，他们是否表示对你的状态担心。（是 / 否）

选择是：表明你的抱怨没有起到作用，你的抱怨让你的亲人担心，而面对你亲人的担心，则会加重你的负担。

选择否：你正确地进行了抱怨，而你的亲人也理解了你，所以没有对你表示担心，这是他们对你现状的一种理解，他们也愿意帮你分担，而你也轻松了很多。

第二章

鸡汤总有喝够的那一天，抱怨，可解腻

不管你是什么类型性格的人，不管你的习惯如何好，你都会有抱怨的时候，这是事实，但是无缘无故的抱怨，或者带有破坏性的抱怨，终归不是一件好事，所以我们要找到一个方法，使我们的抱怨变得对生活有利。

好了，前面我们知道了有效抱怨的好处，我们现在要学习如何进行有效的抱怨了。抱怨就像生活，阴阳八卦，阴阳互补，抱怨有坏的一面，也可以有好的一面，那么，如何把坏的变成好的呢？

一、抱怨，释放痛苦，拒绝压抑

“活着真不容易啊”，这句抱怨经常能听到，当你自言自语地说出这句话的时候，你又继续快乐地干活了，为什么？因为一句抱怨释放了痛苦，换来了平衡。好了，一起拒绝不快乐，让生活快乐起来。

1. 人人都有“狗屎情绪”

“狗屎情绪”是指无理取闹的一种情绪发泄行为，它的特点是，不讲道理，无论对和错，只想闹一场。这也是一种抱怨行为。所以，人人都不喜欢“狗屎情绪”，但不喜欢的原因在于不了解这种情绪产生的原因，如果理解了，就会对“狗屎情绪”者充满了宽容。

以前，我不理解人为何有“狗屎情绪”，明明找不到理由生气，还非得生气，你说这不是在胡闹吗？后来我试图从人的最初本性去理解，似乎找到了一点答案。

有句老话是这么说的——会哭的孩子有奶吃。这句话并非没有道理，婴儿的哭泣是为了寻求关注，是一种交流，因为他不会使用语言，肚子饿了，只要哭，大人们就知道孩子要吃奶了。而在现实生活中，你也会发现这样的问题，许多问题并不能简单地用语言来描述，但是觉得很委屈，所以只好表现出“狗屎情绪”。简单来说，其实抱怨是一种更深层次的交流，当语言无法描述你的无奈时，你便开始有“狗屎情绪”。这样或许是为了缓解情绪，或许是为了向其他人表达你的诉求，反正，这是一种更深层次的交流。

你发现没有，五六岁的小朋友通常会无缘无故地哭起来，大人却不知道小朋友为何哭，当大人问小朋友：“你哭什么啊？”小朋友也不说话，估计他也不知道自己为什么哭，就是觉得委屈而已。

小孩无缘无故地哭有三个作用，一是抗议，二是引起他人的注意，三是委屈了，哭完了就舒服了。这是小时候懵懵懂懂的“狗屎情绪”，心里不爽就哭。长大后，我们依然会有“狗屎情绪”，虽然不至于哭，但也会无缘无故地不高兴，也就是“狗屎情绪”。

我有位大哥，年纪轻轻便到新加坡闯荡，而且有不小的成绩，时下运营着一艘游轮，而且这不算什么，更令人羡慕的是他娶了位漂亮的妻子。我每次见到大嫂都要毕恭毕敬的，而这位大嫂也很是喜欢我，于是总给我派发点礼物，几乎每次见到她，她都是笑脸迎面，但有一次就例外了。

那次，大哥和嫂子来我家，我跟我大哥聊得好好的，突然大嫂不高兴了，闷闷不乐，我大哥觉得莫名其妙，我也不能理解，好端端的为什么不高兴了呢？但是大嫂有些修养，极力压住她的情绪，过了一会儿这氛围才算过去。

过了一段时间，我跟大哥聊起这件事，大哥来了一句：“哎，没事，就是一时的狗屎情绪。”

“狗屎情绪？”

大哥说：“是啊，那天走累了，我叫她休息，她不想休息，就想跟着玩，结果又觉得累，于是情绪就上来了，但这也不是谁的错，所以她就找不到理由埋怨别人，于是狗屎情绪就来了，无缘无故生气了。”

到此，我才明白何为“狗屎情绪”。回想起我自己，有时候也会有“狗屎情绪”。我记得上高中那会儿，回到家，一看饭菜还没做好，就莫名其妙地生气，其实自己也明白，等一会儿就能吃饭，而且家里人也在做着了，为何要生气呢？完全没有道理，这就是“狗屎情绪”。但是，如果你有“狗屎情绪”的时候，家里人把你揍一顿或者训一顿，你会更加生气，其实家里人训你一顿也是有道理的，因为你无缘无故生气胡闹，但是即便你知道这个道理，你还是没法平息内心的怨气。

我现在明白了，一旦遇到别人出现“狗屎情绪”的时候，我会安慰对方，或者不跟"狗屎情绪"的人讲道理，无视即可。因为对方已经知道自己没道理，你还跟他说道理，你的语言会显得多余。很显然，面对有“狗屎情绪”的人，你的教育性语言没法平息对方的怨气。

“狗屎情绪”都带有点无缘无故的意思，记得巴金先生在《春天里的秋天》里有这么一句话：“她喝醉了，无缘无故地伤心哭起来。”从这句话，我们看出了点“狗屎情绪”的影子，没有理由的情绪化。但是没有无缘无故的事情，只有说不出原因的事情，一切皆有因果。如果深挖“狗屎情绪”的来源，还是可以找到的。比如，当天的心情，或者当事者回忆起了过去某件事情，或者工作、生活环境引发的忧郁等，都有可能会在一件跟“坏情绪”看似毫无联系的事情上引发不好的情绪。从这点我们不难看出，如果你的朋友或者亲人有“狗屎情绪”，切莫揪着当下的事情进行争论，因为“狗屎情绪”跟当下的事情没有直接联系，眼前这事只是一个导火索而已。你要仔细回忆当事人最近有什么异常，或者努力追寻当事人的人生遇到过什么……这样才能知道有“狗屎情绪”的人为何在那个时间闹起情绪来。

比如，我一高中同学每次到教室，都要瞟一眼他的同桌，大家都不知道这是为什么，他的同桌也没招惹过他。原来，这位同学一直以来都不喜欢跟异性同桌，所以每次到教室看到他的同桌是异性，就会下意识地不高兴。但是编排座位的时候，老师已经征求过他的意见，所以他也不好说什么，只好在不顺心的时候发泄发泄，这就是“狗屎情绪”。如果是不明白这个道理的人，就会反过来质问他：“你为何瞟我？”这势必会让矛盾升级。但是如果那位同学的同桌不把这当回事，也就是瞟一眼的事，过后就没事了，两人还是可以友好相处的。

这些情绪是人人都有的，不知道什么事情就会让你的心情变得不好。有一次，老师告诉我，人不要没有道理地生气，这样的话，你就是傻子，自欺欺人。可是，有一天，我在卫生间遇到老师，他刚好在接电话，这时电话竟然掉在地上了，进来另外一位同学见老师在洗手间，于是打招呼道：“老师好。”

很显然，老师已经为手机掉在地上而有些无奈、生气，于是有些生气地回答那位同学：“好什么啊，去拉你的屎吧。”说完这句话，老师突然意识到自己情绪化了，马上笑着回我那位同学说：“啊，不好意思，我手机掉在地上了。”

从这些小细节，我明白了一个道理，整天说不应该无缘无故对他人生气的老师，也会对他人生气，即便别人没招惹他，他也会生气。所以，这足可以说明，人人都会有“狗屎情绪”。明白这些后，遇到别人生气，我总会想一想，他不是在对我生气，只是“狗屎情绪”而已，于是我就不会责怪对方了。

2. warning：抑郁正在入侵

上学时，感觉抑郁症离我是那么的遥远，甚至认为抑郁症不会出现在我的生活圈里面，直到我参加工作后，越来越觉得抑郁症就像个瘟神一样在我周围游荡，这种感觉随着我不停听到有人自言自语地说“郁闷死了”的次数的增加而加重。是的，你是不是经常能听到这样的抱怨声？你跟我的感觉是不是也一样？

当我听到别人说“郁闷”的时候，我会尝试安慰对方，但我发现，“郁闷”不是那么容易安慰的，因为它不是一时形成的，而是经过漫长的积累才产生的。所以，如果想不抑郁，就要从平时做起，不要认为抑郁距离你很遥远，其实，生活中随处有抑郁在入侵你。

我的一位同事有一段时间不停地在QQ签名里写一些很压抑很忧伤的话，比如“又是一个不眠夜”“十字路口前，何去何从？”“我的爱竟是一片空白吗？”“我活着的意义在哪里？”类似这样的心情写照，我觉得我那位同事有一点抑郁征兆，于是我开始找他聊天。

我问我那同事：“你最近心情是不是不太好？你要注意调节啊，要不然这样下去，很容易发展成抑郁症的。”

我那同事说：“哎，小彭，你说得太严重了，我就是一时心情郁闷而已，过几天也就好了。”

听他这样说，我就没有办法继续劝慰他了。但是没过多久，我发现他的QQ签名更换得越来越频繁了，内容也越来越伤感，都是些表达抑郁心情的寄语。我感觉我那同事真的要抑郁了，于是到他的部门找他，发现他已经好久不来上班了，询问人事部门才知道，那同事已辞职了，前段时间欲割腕自杀，被邻居救了，此后便整天郁郁寡欢，逼不得已，回老家休养了。直到这时，我才确定，他真的得了抑郁症了。

为此我翻看了这位同事的所有QQ空间日志，发现一个规律，这位同事从始至终都有个习惯，遇到困难时不是去解决，而是能忍则忍，忍几天后，自己的心情也就舒缓过来了。他在不到一年的时间里，连续经历了工作上的失败，情感上的失败，人际关系上的失败等，终于无法再靠“忍几天心情就舒缓过来”的方式生活了，最后一个打击就如同压倒骆驼的最后一根稻草，把他的精神击垮，于是他萌生了割腕自杀的念头，虽然被邻居救了，但内心已不能恢复正常，而是整夜失眠，无法工作。

总结我那位同事的经历后，我突然明白了一个道理，如果有一天你的内心感到郁闷，而你没有很好地解决内心实际的痛楚，积累多了，抑郁症终归会侵入心灵，无法摆脱。

有一天，我因工作上的事又开始郁闷了，虽然以前我也会因为工作进度受阻而郁闷，但是这次比前几次都要严重些，我开始辗转反侧，头痛欲裂，我失眠了。这时，我想起我的那个同事，于是我便自我告诫——我不能让坏情绪任意泛滥，我要想办法彻底解决我内心的不快，不能让它堆积成疾。

为了让自己早日从坏情绪中解脱出来，我开始着手解决工作上的问题，狠下苦力，用了很多办法，终于在一周时间内把工作上的难关搞定了，顿时心情愉悦了许多，内心也随之豁然开朗。

工作上的事当然不能一帆风顺，此后，我又一次遇到了麻烦，但这次我没有感到严重的抑郁，而是秉持上次的习惯，想到的是先解决工作上的事，虽然费了不少周折，但是终于把工作搞定了，心情再次得到了缓解。

有了几次的经验，我开始认真对待各种困难，绝不让困难和负面情绪累积，于是心情一日比一日舒畅，而后来的工作也逐渐顺畅起来，抑郁的感觉也没有再来拜访过我。当然了，如不是我把每次的抑郁心情当成一次警告，任由抑郁日益积累，想必我最后的下场便和我那同事一样了。

我们遇到困难和挫折时，如果藏在心里，不积极去表达出来，抑郁的心情就会日积月累，最终将不可收拾。就像我那同事，遇到心情不好时，不懂和身边的人倾诉，也不会寻找合适的抱怨对象，抑郁症就这么积累出来了。

所以，在遭遇负面情绪时不去表达，而是藏起来，绝对不是令心理健康的好办法。美国克莱姆森大学的心理学教授罗宾·科瓦尔斯基指出，不满情绪的累积会使一些人更容易陷入抑郁。她说："那些抑制情感抒发的人也许会使自己变成D型人格。D型人格的特点就是压抑情感，不表达。（D型人格特征：是孤僻型人格，往往沉默寡言，待人冷淡，缺乏自信，没有安全感，性格孤僻，爱独处，不合群，情感消极，容易烦躁不安。）"

有些人不善于抱怨，最终把隐藏在内心的抑郁症状激发出来，就真的变成抑郁症患者了。所以，我得到一个经验，在平时生活中，如不积极处理影响情绪健康的事情，或者不积极把内心的苦闷表达出来，终有一天会把抑郁症引发出来。抑郁症存在于我们生活当中，无处不在，这需要我们平时多加注意，善于利用抱怨，及时发泄内心的不快。

3. 抱怨无错！没有抱怨的世界才不正常

有效的抱怨，可以换来美好的生活，这点我深信不疑，但是我总觉得为什么非得抱怨？大家都不抱怨了，不是也可以有美好的生活吗？于是我暗暗地祈祷——愿这天下都没有抱怨吧。

带着这个祈祷，我去上班了，刚进电梯，就听见旁边传来一个女孩的抱怨声："哎，这电梯也太慢了，能不能快点啊，我都要迟到了。"

好吧，这是我带着祈祷上班后听到的第一句抱怨，看来这祈祷早早地失灵了。刚到公司，只见一位同事拿着早餐抱怨道："都上班了，早餐还没吃完，都怪那该死的公交车司机。"

是的，各位没有猜错，抱怨依然无视我的祈祷而存在着。我跟邻桌同事聊起了这事，我说我是多么希望世界上没有抱怨，我那同事一听哈哈大笑起来，说："你真是幼稚啊，怎么可能，要是有的话，那就太不正常了。"

我把注意力放在"那就太不正常了"这几个字上，心想，没有抱怨怎么就不正常了呢？大家都不抱怨不是很美好吗？结果我那同事用讽刺性的语气跟我说："你想要不抱怨是吗？业务部的经理就是一个不抱怨的人，你去看看他正常不正常吧，哈哈。"

我不知道这是什么意思，为了一探究竟，于是我开始观察业务部的经理。第一天观察的结果就证实了我同事所言不假，业务部的经理任劳任怨，一句抱怨的话都没有，却看不出他有快乐的表情。这样一个人让我觉得奇怪，于是他成了我“不抱怨的世界实验”的“试验品”。

出于对“实验”的严谨，我对“试验品”做了全方面的了解。业务部经理，男性，生于1975年，2001年从山东农村到北京打拼，此后在北京成家，在公司工作8年，从小业务员开始做起，如今是业务部经理。做事严谨，不苟言笑，语言能力……语言能力需要详细分析，此人平时不说话，给人不善交流的感觉，但一旦涉及工作，此人便有条不紊地把该说的话一字不差地说出来。家庭生活条件一般，但为了孩子上公立学校的事情受过打击，孩子现在一家私立学校上学，并时常违反学校纪律。不管是对工作还是生活，他从无怨言，沉默不语地活着，对于我来说，他的生活便是一个完美的无抱怨的世界。这便是“试验品”的基本情况。

据我观察，业务部经理常常在中午吃饭时间打电话回家，接电话的是他妻子，业务部经理说话很温柔，但是常常在挂掉电话后，表情开始凝重起来。

有一次在卫生间，我听到他跟他妻子通电话：“今天发工资，房子装修的事你不用着急，虽然还差一点，但是可以跟朋友再借……”

后来，我了解到，业务部经理的妻子一直没有工作，整天打麻将，经常输钱，所以生活也变得越来越拮据，但是业务部经理却一直忍着她，每次说话语气都十分温和，可事实上，我知道他已经很累了。每次挂掉电话，他都会长叹一口气，然后揉揉脸，收拾一下表情，走向办公室。这是业务部经理的世界，他虽然没有抱怨，却很痛苦，带着痛苦去工作，他会有怎么样的表现呢？

在工作上，业务部经理给人的感觉也很温和，但是最近两年，他偶尔会发生一两件算是严重的错误。比如，给顾客寄快递，在快递单上写错名字，而且更加让人不可理解的是，有一次他竟然把对方的名字写成“刘贼”，这位叫“刘贼”的人其实叫刘佳。

针对此事，我查看了心理学的有关资料，发现这是一种潜意识的抱怨，当一个人脑海里憎恨另外一个人的时候，会在内心不断地抱怨对方，并以诅咒的方式咒骂对方，而那个“刘贼”就是业务部经理对顾客的咒骂，但是由于咒骂过于真实，竟然把心中真实意愿流露出来了，把对方的名字写错就是一种真实情感的流露。

业务部经理长期压抑情绪，不会在任何人面前抱怨，遇到事情时，只会把内心的不满都隐藏起来，然后形成内心潜在的抱怨，一个人在心里默默地承受这些不愉快。

这一事情让我看到了一个看似不抱怨的人，其实内心非常挣扎。我把我的这个发现跟我邻桌的同事说，他又是一顿大笑，说：“你啊，接着观察吧，往下的事会让你大吃一惊的。你看他表面不抱怨吧，其实，他现在已经差不多失去工作能力了。领导也知道这件事了，都不知道怎么处理好。”

同事的话让我越发感到好奇，于是继续观察业务部经理。中午吃饭的时候，我会故意走到他们部门跟他们部门的同事聊天，发现业务部经理憔悴了许多。后来有同事告诉我：“你可不知道，最近我们经理经常出错，有时候还故意损坏档案，整个人变得神经兮兮的，现在大家都不太敢跟他说话，怕万一触动了他的哪根神经，爆发起来就不好办了。”

“爆发？怎么爆发？”

“你不知道吗？上星期他就在洗手间里偷偷地哭了起来，我们进去劝他，发现他在墙上写老板的名字，并在旁边画了一个叉，把老板吓坏了。”

听到这里，我似乎明白了什么，一个没有抱怨的世界，总有一天会“爆炸”的，因为人的内心需要抒发各种不快，需要抱怨来缓冲外界带来的各种情绪，不可能无止境地压抑着。所以我还是那句话，抱怨无错，没有抱怨的世界是不正常的，这个业务部经理，就是不抱怨世界里面的悲剧。

4. 什么才是最棒的抱怨管道

吴丽显得有些疲惫，她是我的邻居，每天下班回来总是一副无精打采的样子，好像随时都可能会瘫倒下去。她每天六点起床，赶往城市另一边的一个软件公司上班，直到晚上七点半才能回到家，回到家匆匆吃了饭，洗了澡，已经是十点半了，接着就要上床休息了，可以说一点空余的娱乐时间都没有，你说，她能不疲惫吗？

其实，吴丽也知道要适当地抱怨，要不然真的承受不了，但是每次抱怨都显得那么苍白和无力，抱怨的作用，在她身上没法体现出来。看到这一切，我有所动摇，我是那么坚定地认为抱怨可以让人生快乐一些，但是吴丽的情况给了我当头一棒，我不禁怀疑，抱怨真的有用吗？我这样问自己，当然，也促使我跟随这个问号去探索更多关于抱怨的知识。

我主动找到吴丽，聊起家常。吴丽跟我说了这么一件事：

有一天，吴丽下班回家，在小区门口，保安把她给拦下了，因为她刚好忘记带门禁卡了，遇到这样的事，让疲惫不堪的吴丽无奈又烦躁。保安人员当然不会搞特殊化，所以坚持不让吴丽进门。吴丽气炸了，她开始抱怨起来。可惜，保安才不管你有多累，他只管尽到他的工作职责——没有门禁卡必须得证明是这个小区的住户，才让进小区大门。无奈，吴丽只好打电话去物业求证，得到证明后，吴丽才得以进门。但是回到家后，她怎么也没法平静下来，有一股没法释怀的气堵在吴丽的胸口，再多动一下的力气都没有了，身心感觉到了从未有过的疲惫。吴丽没有心情吃晚饭，也没力气洗澡，可是躺在床上却怎么也睡不着。

从吴丽遭遇的这件事情里，我明白了一个道理，原来并不是不能抱怨，而是要找到那个有效的抱怨管道，如果抱怨对象错了，心情非但不能得到纾解，还会加剧内心的纠结。

我问吴丽："你知道适当的抱怨是有益的这回事吗？"吴丽说她是知道的，但是每次抱怨之后总是更纠结。我详细了解了吴丽的情况后，突然觉得吴丽的问题并非在于不抱怨，而在于没有更好的管道来抱怨。为了让这位可怜的邻居早日脱离痛苦，我跟她说了一些关于抱怨的秘密。当然了，这只是我个人对抱怨的理解，但是后来吴丽照搬去做了，而情况也得以好转，所以我认为这多少是可行的。

我说："吴丽，你知道吗？你跟保安抱怨那是没有用的，因为他并不是你最好的抱怨管道，他不会因为你的抱怨而对你进行安慰，而你也不会从中释怀。"

吴丽对此很不解，问道："抱怨管道？"

其实，我在前面一直说关于抱怨的话题，但是我每每多加两个字——有效，因为我知道并非所有的抱怨都是有效的，而最棒的抱怨管道，应该是那些直接的、能对你的抱怨起到有效作用的管道。比如，小区门口的保安就不是吴丽最棒的抱怨管道，如果要抱怨，吴丽要找一位知己，透过倾诉的方式让内心释怀。

吴丽当然希望自己能快乐点，于是尝试着找最棒的抱怨管道。有一天我在小区散步，吴丽微笑着跟我打招呼，看她满面红光的，我有些好奇，上一个月还愁眉苦脸的，而今却跟换了一个人似的，到底发生了什么？

吴丽告诉我，她找到最棒的抱怨管道了。她说，以前的她盲目地抱怨，碰了很多钉子，最后苦的还是自己。我问道："你是怎么去寻找最棒的抱怨管道的？"

吴丽笑了笑说："其实，只要你想一想谁是你最该抱怨的人就可以了。"

吴丽跟我说了她的事，她说："最近工作上遇到点麻烦，我知道麻烦并非别人引起的，而是我自己的专业还不过关，但是内心还是非常纠结的，我这么努力，最后换来的却是失败。这当然多少有些抱怨，即便这抱怨是没有道理的。以前，我总想直接跟旁边的同事诉苦，但是旁边的同事似乎没有这个责任听我诉苦，也没有能力或者资格去安慰我。我这么说吧，在我们部门，我已经算是技术过硬的了，而且还是部门的技术总监。如果我还在我们部门找一位同事诉苦，他好意思说'没事没事，不用多想，做错了一次下次小心就行了'这类的话吗？显然是不行的。就像学生安慰老师一样，学生会觉得这不应该是他说的话，所以老师跟学生诉苦是一个不可行的行为，只能让自己更纠结。"

我努力去想象吴丽所说的那种氛围，吴丽继续说："其实，我知道，我只需要一点点理解，就能把事情做好，我的内心就不至于如此纠结。关键是找谁来缓解我这狗屎情绪？我想到的是我的上司，而且他有义务也有资格来做下属的心理工作。这回好了，我找到领导，领导笑了笑说：'小吴啊，不用多想，你攻克了这么多技术难题，有一两个难题搞砸了很正常，再说，你已经是我们公司的技术骨干了，其他人出现错误的概率比你高出很多，所以不用纠结那些事了，放下一切压力，全心准备下一次的程序代码构思吧。’”

说到这，吴丽站在我跟前，问我：“你看，假如领导跟你说了这些话，你是不是释怀了许多？”

我点了点头，说：“看来你知道怎么运用最棒的抱怨管道了。”

此后，吴丽整个人仿佛靓丽了许多，疲惫的表情悄然消失了。其实工作并不难，只是内心越不过那些纠结的事情而已，只要有效地解决，内心依旧快乐无比。透过吴丽的事情，我再次坚定了我最初的观点，抱怨还是有作用的，也是有必要的。有效的抱怨，就能改变人生。

5. 停止委屈，给人生找到新入口

我弟弟的女友叫王琼，她经常会找我诉苦，找我诉苦的原因一般都是我弟弟欺负了她，她无处申冤，只好找到我这。

有一次，王琼又跟我哭诉，第一句话便是：“哥，问你一个问题，你说女人无聊还是男人无聊？”

这话让我不知所措，无端端的要回答一个很无厘头的问题。虽然我觉得这很没意思，但是她总归有原因才这么问的吧，于是我问她怎么回事，她跟我说了这么一个事：

那一天，王琼和我弟弟一起去逛商场，她发现我弟弟不停地瞟着另一个女人。她叫我弟弟别再看了，结果两人当众吵了起来。我弟弟不承认错误，还说她小气，于是她当场跟我弟弟闹分手（要知道，年轻人说一百次分手，也分不成）。

事情说到这，我认为我已经明白王琼要诉苦些什么了，但是她往下的话让我觉得不可思议。那么，我们一起来听听王琼的那些不可思议的话吧。

王琼说："这事让我觉得太委屈了，我当时没哭出来，但是我冲进洗手间后开始失声痛哭。当时洗手间里有一个女人正在旁边补妆。我一边哭一边说：'男人真浑蛋！'谁知道那女人却说：'哦，是吗？那我又怎么知道你不是浑蛋呢？'哥，你说，天底下哪有这样的女人，见女人这么伤心，不安慰不说，还讽刺，我当时真想打她一顿，气死我了。"

这就是王琼让我感到吃惊的话，大家注意了，我本以为王琼是跑来跟我抱怨我弟弟，而且这件事也应该抱怨我弟弟才对，可事实上王琼却把大量的语言和精力去抱怨洗手间那位素不相识的女士，这是我无论如何都想不到的，估计连她自己都没想到。因为当我问她："你是生我弟弟的气，还是洗手间那位女士的气？"王琼失语了，她自己都没注意到，此时的她已经不知不觉地把抱怨转移到洗手间那女人身上了。

其实，王琼之所以这么委屈，是因为她在洗手间表达自己的不满的时候，只是为了发泄自己的情绪，但是在她发泄情绪的过程当中却遭到了身边陌生人的阻碍，烦躁的情绪不仅没有得到纾解，反而更严重，而造成这个结果的就是洗手间里的那位女士。于是王琼开始在内心怨恨那位女士，所以就有了王琼跟我抱怨那位女士的一幕。

其实，王琼的这种抱怨方式并不好，她在公用洗手间里向一位素不相识的女士寻求理解，这本身就是一种错误的方法。在这种情况下，对方不是默默地离开，就是给予反驳，而反驳的原因可能只是被打扰了。如果那位女士听到王琼的抱怨只是默默离开，王琼的抱怨没有得到想要的响应，她可能也只是有点难受，绝不至于像现在这样令她抓狂，甚至忘记了她生气的起因是我弟弟看别的女人。

这件事让我认识到，一味地发泄委屈，并不能有效地解决遇到的问题。王琼不是特例，现在大部分人抱怨都只是为了宣泄情绪，这种“一吐为快”的抱怨方式能带来显著的轻松感，是缓解压力的轻松剂，但现在的情况跟以前所说的有所不同，此时的抱怨目标已经发生了改变。王琼最开始的抱怨，其实只是想发泄，却失败了。如果她是对着一个物体发泄，由此达到缓解情绪的效果，这是可以的，但是她对着的是一个人，而且是陌生人，所以注定了她不会成功。她的抱怨方式变成了交互式——大家都来听我抱怨，我诉苦，你们听，然后给我安慰。

很明显，交互式的抱怨跟对着物体抱怨、发泄完全是两回事，对着物体发泄、抱怨，是不需要互动的，自己尽情发泄即可，比如打沙包，你不会要求沙包有响应。而交互式的抱怨想要得到的是真正的心灵释放，我们需要确定别人能够“感同身受”。也就是说，我们能得到释怀的程度，取决于倾听我们抱怨的人是否能准确地理解我们表达的情感，是否发自内心地对我们的困境表达同情。倾听者给予我们的慰问和同情越多，我们就会越发感觉到如释重负。在这里就有了一个必要条件，那就是必须有一个好的倾听者，这就要求抱怨的人不能随便抓住一个人就去抱怨，要明确你的倾听者应该是谁。如果找到的抱怨对象不正确，只是放纵自己发泄情绪，别人会认为他被你骚扰了。

我们接着听王琼的诉苦，她说：“我并没有直接到镜子前，因为我先去拿了纸巾，我觉得也没有突然打扰到她。但是她看见我在放声痛哭却什么也没说，我那时就应该意识到她是一个冷酷无情的坏女人。我不过是希望她能对我说点友善的话而已，一句‘是啊，你说的没错，男人都是浑蛋’就足够了，甚至只需要说句‘别哭了，眼泪都把脸上的妆弄花了’。为什么她就不能那么说呢？哥，你说，我怎么这么倒霉啊，你说我哪里错了？你弟弟不喜欢我，连其他人也看我不顺眼。”

王琼当然没错，如果她的抱怨能得到她期待的简单响应，她就能获得急需的情感宣泄。她的遭遇凸显出抱怨背后隐藏的许多危险，这个危险来源于抱怨的对象是否正确。那个女人的冷漠给王琼造成的心灵创伤，几乎等同于男朋友的行为对她造成的伤害。事实上，王琼在与我的谈话中倾诉得更多的是那个陌生女人的态度，而非她跟我弟弟那次争吵。

好了，我基本已经知道如何响应王琼了，我知道她和我弟弟根本就不会分手，他们也许今晚就能和好，因为对于此时的王琼来说，跟男朋友吵架的痛苦远比不上洗手间里的女人给她的伤害，此时我只要跟王琼说：“是，那女人是有点无情，不过她不认识你，跟她说也是多余的，你要是早点跟我说就好了。别再想那种无情的坏女人了。”我知道那女人并不是坏女人，人家也没有错，但是如果不认同王琼说的，王琼的内心势必得不到释怀。

正在这时，我弟弟回来了，见到王琼，便说：“好了，别生气了，我以后不看别的女人还不行嘛。”

王琼仿佛找到了救命稻草，立刻跟我弟弟抱怨起来：“你怎么才回来啊，我被人欺负了。”

接着，王琼开始哭哭啼啼地跟我弟弟讲述洗手间那件事，我弟弟也附和她说："怎么会有这么无情的女人啊，真是太没有人情味了！"

王琼的心情显然释怀了许多，因为她的苦闷得到了响应，抱怨得到了理解，至于分手的事，她早已忘了。现在看来分手的事情也不是那么重要了，不提也罢。

这使我学到了另外一招，想抱怨的时候别盲目地对人诉说，如果遇到谁都倾诉你的委屈，对象搞错了，你的委屈会加剧。

小测验

心理压力测试——测试你的隐形压力有多大？

你有心理压力吗？你想知道你在生活中是否有处理心理压力的能力吗？在下面的测验中找出最接近你实际生活的一种情况，如果没有经历过这类事情，可选择最接近你的想法的一种。

1. 生日，婚礼……免不了花钱。

A. 你不想在这类场合出现，以免花钱买礼物；

B. 尽管不少花钱，可在各种场合你还是乐于赠送小巧而特别的礼物；

C. 只在对你很重要的场合送礼。

2. 你的自行车与别人的车相撞，你不得不与对方约个时间解决这个问题。

A. 这件事引起的焦虑和不安使你失眠；

B. 这并非重要的事情，只是生活中发生的许多事情中的一件，你会在问题解决后，做点自己喜欢的事情，以便尽快忘掉那些不愉快的事；

C. 开始时你不去管它，只在解决问题的那一天到来时再想办法应付它。

3. 你的家具或电器由于水管破裂损坏了，并且你发现你的财产保险不能完全弥补损失。

A. 你很失望，痛苦地抱怨保险公司；

B. 开始自己修复家具；

C. 考虑取消保险，并向有关部门投诉。

4. 你由于生活中的小事和邻居发生了争执，却没能解决任何问题。

A. 回到家你拼命喝酒，想轻松一下，忘掉这件事；

B. 准备到对方单位告他；

C. 通过散步或看一场电影来平息怒气。

5. 生活中的压力使你和你的伴侣经常发生口角。

A. 每当这个时候，你尽力放松自己，保持沉默，不去争执；

B. 你和朋友谈论这事，使你的观点和感情得到理解；

C. 寻求机会，心平气和地与自己的伴侣谈心，看如何摆脱由于日常生活压力而引起的争吵。

6. 一个你爱的人准备与别人结婚了，对你来说这是个巨大的打击。

A. 你逃避现实，迫使自己相信这不可能发生，因此没必要担心，仍然乐观地抱希望；

B. 不去担忧，因为还有时间去改变这个事实；

C. 决定向你所爱的人提出你的观点，表明你的态度，严肃地向她（他）说明不该这样做的理由。

7. 每个人都承受着物价上涨所带来的心理上和生活上的压力，你更担心食品价格上涨。

A. 尽管价格上涨，你仍拒绝改变饮食习惯，因此不得不花更多的钱；

B. 每次看到物价上涨，你就会怒气大增，但不管怎么样还是要买，甚至拼命抢购，担心还会再涨；

C. 设法少花钱，制定出一个营养而又实惠的食谱。

8. 终于有一天你的能力被人赏识并被赋予一项重要工作。

A. 你考虑放弃这次机会，因为工作量太大；

B. 你开始怀疑自己能否承担这个重任；

C. 分析这项工作对你的要求，并为从事这一工作做各方面的准备。

9. 你的房租或一些其他的月支付可能会增加。

A. 每天急于收信，以便从朋友那里早点确认上涨的信息，只有没信时才有所放松；

B. 不会被增加的开支吓倒，计划怎么样应付这种情况，如换房、采取节约措施等；

C. 你觉得每个人都处在同样的状态中，因此逃避现实，被动等待，认为自己总会应付得了。

10. 你的一个非常亲近的人在一场事故中受了重伤，你从电话里得到了这个消息。

A. 努力压抑自己的情感，因为你还要把这一消息告诉其他朋友和亲戚；

B. 你挂断电话，哭起来，让悲痛尽情发泄出来，使心里好受一些；

C. 向医生要一些镇静剂，帮助你度过以后几小时。

11. 每个节假日你和伴侣总为去探望双方的父母而发生激烈争吵。

A. 你制定了一个严格的 5 年计划，要求在节假日轮流探望双方父母；

B. 在重要的假期与自己最喜欢的家庭成员一起度过，而在不太重要的假期邀请其他人；

C. 做最“公平”的事，根本不与家里老人、亲戚一起度假，这样麻烦最少。

12. 有一天你突然感觉身体不舒服。

A. 读一些有关医学的书，进行自我诊断、自我治疗；

B. 告诉家里人，并去医院看病，希望得到医生的帮助；

C. 不去看病，认为自己最终会好起来。

13. 你最小的孩子离开家走入社会，这意味着家里只剩下你和你的伴侣。

A. 与朋友谈论家中的这一变化，看他们怎么应付这一变化所带来的各种不适应的状况；

B. 尽可能地帮助别人，并为自己寻求新的兴趣爱好；

C. 想告诉孩子们，希望他们多在家里待一段时间陪陪自己。

结果解析：

问题 1—3：A=3，B=1，C=2；

问题 4—8：A=3，B=2，C=1；

问题 9—13：A=2，B=1，C=3。

总分越低，说明你处理问题的能力越强。如果得分为 21 或更少，那么你很会处理问题，心理压力不大，或许还可以教其他人如何平静下来，如何减少心理压力。如果在 21 分以上，说明你心理压力过大。

二、抱怨，开启有效的交流和沟通

抱怨不仅仅是一种宣泄的工具，也是一种有效交流和沟通的方法。那要如何抱怨才能达到有效的交流和沟通，就是我们下面要探讨的问题。我会跟大家说一些我的故事，让大家知道如何用抱怨来实现有效的交流和沟通。

1. 谁愿意听你抱怨

抱怨，有倾诉的意思，它可以是自我抱怨，也可以是对他人抱怨。如果你是对他人抱怨，你就要找到愿意听你抱怨的人，才能发挥出它有效的作用。但是很多人的抱怨是没有针对性和目的性的，盲目地抱怨产生的影响有两个：一是你的抱怨被人当作是一种责备来应对。二是你所抱怨的人当你不存在，一走了之。所以，这样的抱怨根本没有半点作用，反而加剧了你内心的坏情绪。

前面我们说过这么一个例子，我弟弟的女友生气的时候跑进洗手间跟一个陌生女人抱怨，结果换来不友好的响应，导致她的负面情绪升级，这是典型的没有针对性的抱怨行为。她找错了抱怨对象，所以没起到缓解情绪或者解决问题的作用。

要知道，很多人不愿意多听别人讲话，特别是抱怨的话。我一个同事天天找我抱怨，说他每天上班是多么的辛苦，辛苦的原因是他住得远，每天要花两个小时在上班的路上。他每天上班都因为这件事而郁闷，郁闷起来就开始没完没了地唠叨他那点事。当然，我尽量多听他说，让他每天都能得到宣泄，好让他每天能有好的心情工作。但是，我发现这样的好人可不好当，你得牺牲你的精力来充实对方的精力。于是我开始反抗，当他再开始抱怨时，我便找理由离他远远的，于是他无法抱怨了，心里的郁闷一憋就是一整天，没多久，他筋疲力尽，终于选择了辞职（是的，辞职的人大多不是因为工作量大，而是心理承受能力不够）。

我很惋惜，我那位同事离开了公司，但我知道他迟早要离开，因为他在抱怨时找错了人。那他该找谁呢？我们来看我做过的一个实验——同一件事找不同的人抱怨，观察不同的人所表现出来的反应。

大家都知道，北京出了名的堵，所以你会看到这样的现象——每天早晨，在写字楼电梯口，会有人一边等电梯一边骂公交车司机。人们之所以要选择这样的抱怨方式，是为了缓解内心的不快，这些是下意识的行为，没有经过准备、计划，所以被看作是本性流露。很多人的抱怨往往是靠本性流露体现出来的，所以他们的抱怨完全是一种碰运气的行为，行得通，内心舒畅，行不通，他们的内心会越来越烦躁。很明显，这些没有计划的抱怨是不科学的。

为了让自己的抱怨不至于这么不靠谱，于是我选择了科学、有效的抱怨方式，有选择性地去抱怨，这是实验的一部分。

第一次我的选择是一位同事。早上到公司，我便揪着一位同事唠叨道：“唉，真闹心，在路上堵了半个小时，最可恶的是，司机还吹口哨，跟没事一样，一车人都是上班的，他却一点都不急，你说这是什么人啊？”

我同事瞟了我一眼说：“谁不是啊，你以为就你挤公交啊。”

听到这话，我顿时纠结了……

第二次，我重新选择抱怨对象，这次是我的亲人。一大早，我开始打电话回去跟我妹妹聊北京上班的情况，抱怨坐公交是如何的辛苦。妹妹自然用心疼的语气跟我说话，但是我却完全得不到释怀，因为我知道，只要我跟家里人说我在北京是如何的辛苦，换来的肯定是关心与教育。但是这些关心和教育会让我觉得我给家人添麻烦、让他们担心了，还是没达到抱怨的目的，这次的实验，失败。

第三次，我依然针对挤公交车这件事进行抱怨，但是我换了抱怨对象——我的领导。

领导听完我的抱怨，语重心长地说：“这是一个老难题了，全北京的人都会遇到这种事。要不这样吧，你拟一个计划，我们对一些住的离公司远的员工进行交通补助，对因堵车迟到的员工在一定的时间内不算迟到，也算是公司为员工分担一些压力吧。”

听到这句话，我的心豁然开朗，心想：“这回抱怨总算找对人了。”

好了，这是我个人在生活中做的一个小实验，总结这个实验，我得出了一些心得，抱怨的对象直接关系到抱怨的效果。我们在抱怨的时候应该找愿意听我们抱怨的人进行抱怨。同事不愿听我的抱怨，因为同事也遇到这样的问题；亲人愿意听我的抱怨，但是换来的是他们的担心，我的内心也不会因此而得到释怀；只有领导听了我的抱怨，并对我的抱怨做出正面的响应，实实在在地解决了我的抱怨。

那么，谁愿意听我们抱怨呢？这要看是谁导致了我们的抱怨。在正常的情况下，直接导致我们产生抱怨的那个人，一般都会听我们抱怨的，并且能很好地解决我们的抱怨。

为此，我总结了几个抱怨时应该注意的问题。在为寻求情感安慰而抱怨之前（尤其是在感到自己内心脆弱不堪或易受伤害的时候），我们应该停下来问自己三个问题。

第一，我们倾诉的对象能否理解、支持我们？如果我们对对方不够了解，就该花点时间来分析下现有的情况。比如我跟亲人抱怨，亲人不在身边，他是无论如何都无法理解我的抱怨目的的，他能给予的只有关心和担心，说不定反过来我还要极力安慰亲人，让他们不要担心我，这无形中增加了负担，得不偿失。

第二，他的处境是否适宜来表现他的理解和支持？例如，当我们不论用哪种方式表现出痛苦时，都不应该在一个不适合的环境之下进行，如果是那样的话，你的抱怨会把别人内心的不适激起，从而换来对方的厌恶。就像我跟我的同事抱怨那样，他不会因为你挤公交车而同情或者关心你，因为他已经够累了，他自己也需要人去关心和理解他。遇到这样的情况，我们就应该放弃他去寻找新的受众。

第三，抱怨的话题是否与我们有直接关系？比如，我已经工作多年，我突然打电话给还在为了考博努力复习的同学抱怨，说上班挤公交车是多么的痛苦，同学会觉得这事跟他一点关系都没有，转而觉得我很烦，于是不会给予热切的响应。换个方式，如果我找领导抱怨，那么就不一样了，领导和我都同处于一个工作、生活环境之下，而且他跟我是有直接关系的，他是我的领导，他应该为了我的抱怨而想到一些什么，于是会给予我正面的响应，有了正面的响应，我的抱怨就有效了。

其实，抱怨有两个含义，一是舒缓内心情绪，二是寻求解决办法。愿意听你抱怨的人，一定能舒缓你的情绪，而如果要从根本上解决你所抱怨的事情，那就要找到愿意听你抱怨的人，同时还要求对方是能直接解决你的困惑的人。学生找老师抱怨；员工找领导抱怨；孩子找长辈抱怨，这些都是跟你所抱怨的事情有直接联系的人，他们能够听你的抱怨，也能够帮你解决你所抱怨的事情。

2. 错误的抱怨，让你瞬间变成讨厌鬼

有很多人这么说："你别说抱怨了，正是因为我的抱怨，使得很多人开始讨厌我了，我现在正在努力地让自己不再抱怨。如果这么下去，我所有的朋友都要离开我了。"

这样的情况是有的，而且很多，其原因在于抱怨者没有正确地抱怨，使得别人对他有了反感。最常见的一种现象是，抱怨者的抱怨让别人听着像是一种指责，并给人带去了负面影响，所以别人只好选择离开他。

男人最怕什么？没错，最怕怨妇。"隔壁家的孩子又考了第一，你怎么就那么不上心""楼下人家老公下班就做饭，你怎么一回家就赖在沙发上""我又要上班、又要顾家，容易吗"……这样的唠叨，可能每个家庭都出现过，出现次数多的家庭一般都会因此升级为家庭矛盾。因为抱怨的

一方已经习惯性地在指责对方了，而忽视了对方的优点。试问，假如一个没有半点优点的人跟你相处，你会快乐吗？不会，所以怨妇在忽视了对方优点的同时也抹杀了进一步相处的可能性，一个家庭有怨妇出现，家庭关系势必遭到破坏。

在现代社会中，人的压力越来越大，而且多数女人天生心思细腻，一眼就能挑出问题来，并且不断把缺点放大。此外，女人更爱幻想，渴望浪漫、美好的生活，一旦现实和理想有了落差，自然容易心生抱怨，希望、督促身边的人向“完美”靠拢，加上女人的情感似乎更容易用抱怨、挑剔等语言表达出来。但是长期的抱怨，就会不自觉地形成“责怪”的行为，而男人作为家庭的顶梁柱，其地位和声望受到威胁，势必会觉得很没有面子（面子问题，谁都有，没有对错）。所以当女人抱怨太多（责怪式的抱怨），男人会与其理论，试图为自己的行为讨回公道。这一“讨回公道”很快就会演变成一场毒舌战，家庭矛盾升级，一发不可收拾。

适当抱怨、诉苦一下，是一种正常的情绪宣泄手段。可若成天抱怨不离口，则会陷入“心理偏盲”的误区，就像戴了墨镜一样，总是对身边的人和事选择性地“批判”。最后失去心理平衡，凡事往坏处想，对身边人的优点视而不见，甚至导致冷漠、孤僻，不爱与人交往，逐渐失去了家人、朋友的关心和照顾。

以上说的是抱怨个不停，把抱怨的语言转变成了责怪的语言而造成的错误。下面再说一种错误的抱怨形式，这种错误的抱怨形式是向不正确的人抱怨，抱怨的时候不分对象，抓住一个人就开始抱怨，这样对方必定会很讨厌你。

我有位女邻居叫资兰，跟丈夫三天两头地吵架，极度缺乏安全感，逢人便抱怨她丈夫。其实，我知道资兰并不是想说她丈夫的坏话，只是想找个人发泄，或者也想通过这样的行为让别人为她“主持公道”。要知道，一个在情感上失去安全感的女人，到处跟人说她的情感问题，其目的多半是希望倾听的人能到她丈夫的跟前为她辩解，她以为这样丈夫就能认错，并回到她身边。事实上，并非如此，资兰就没有让丈夫从此服服帖帖地听她的。

资兰在小区的花园散步，看到邻居便上前搭话，说不了几句就会说：“哎，我们家那位，每天半夜12点才回家，我说他几句，他就跟我嚷嚷起来，最近还吵架了，我真是受不了他。”

对方当然也是礼貌性地响应几句，却没能达到资兰想要的目的。她依然没有安全感，也没有人帮她一起跟她丈夫理论，于是资兰就没完没了地在小区里抓到一个人就说她家的那点事，说多了，小区的邻居每每见到她都会躲着她。而资兰越是得不到倾诉越想找人说她家的那点事，最后搞得整个小区的人都觉得她烦。资兰也依然跟丈夫唠叨个没完没了，两人的感情到了破裂的边缘。

结局是可以想象到的，一年后，资兰和她丈夫以离婚收场。

其实，这样的情况是完全可以避免的，只要资兰能够进行有效的抱怨。有个故事是这样的，男人每天出去干活，但是收入甚少，回到家也累得跟孙子一样，而妻子更加累，每天得不到丈夫的好脸色，于是不断唠叨，质问丈夫：“为什么，为什么天天不开心，我惹着你了吗？”

当然了，情况升级了，两人的关系不但没有因为妻子的抱怨而得到缓解，反而越来越恶化。有一天，两人的孩子作为旁观者意识到了这个问题，于是她跟妈妈说："妈，我跟你打赌，只要你晚上不说话，只做事，爸爸就会来到你身边讨好你。"

妻子当然半信半疑，但是事到如今也没有更好的解决办法了，只好听女儿的话了。晚上，丈夫依然一脸苦瓜相回到家，但是发现妻子早已经把晚饭做好了，丈夫端起碗吃了起来，妻子还是没有说话，丈夫开始觉得有点不太适应了，平时都被妻子唠叨这个唠叨那个的，今晚怎么连一句话也不说了呢？于是主动跟妻子说："你今天做的饭真好吃。"

此时妻子的内心甜得跟蜜一样，以前的那些委屈、无奈全部都忘得一干二净，笑了笑对丈夫说："你喜欢就好。"

丈夫说："当然喜欢了，你做的饭是我最喜欢吃的，外面辛苦，也赚不到什么钱，你跟着我也受了不少苦。真是对不住你和孩子啊。"

妻子其实不在乎这些苦，她只希望听到丈夫的这一句话，她跟丈夫说："不辛苦，你在外面更辛苦。"

说到这里，大家可以想象到了，他们从此幸福地生活着。但这是为什么呢？为什么一句平淡的语言，就能解决一场家庭危机呢？是的，这是有效抱怨的魅力。之前妻子唠叨个不停，不代表这是抱怨，相反，丈夫会认为这是在责怪他，于是出于脸面，不得不做出反对的架势与妻子对抗。而妻子需要的是一句安慰，即可停止这场无休止的唠叨。

所以，在这里我意识到这样一个道理，错误的抱怨会让人越来越讨厌你，不管你找错了人抱怨，还是把抱怨变成了唠叨，都是推开对方的行为。

好了，前面很多人说起的那个疑问——"你别说抱怨了，正是因为我的抱怨，使得很多人开始讨厌我了，我现在正在努力地让自己不再抱怨。

如果这么下去，我所有的朋友都要离开我了！”现在可以解决了吧！

3. 别犯傻，委曲求全得不到好人缘

在中国，人们常常这样教育下一代——退一步海阔天空，忍一时风平浪静。正是因为这样一个教育理论，所以很多人在更多时候选择忍气吞声，当自己没办法忍下去的时候，就跟自己说“委曲求全”，“求全”成了继续忍下去和安慰自己的理由。可是，“委曲”并不能求到全，反而会使事态越来越恶化。

在心理学中，有一种心理叫惯性心理。这种心理是当事人遇到同一个事情，表现出“持一种心理的习惯性行为”，这样的行为会越来越深刻，有时甚至知道是错误的，但是还是一味地坚持。举个例子，比如一个人欺负他人后，感觉这样的行为很威风，于是越来越喜欢欺负他人，即便他知道这种行为是错误的，但是他已经习惯了这么做，习惯了欺负他人的那种心理感受，于是会变本加厉地顺从这种心理习惯，进而欺负更多的人。又比如职业心理习惯，牙医习惯仅从牙齿判断全身的健康水平；以前的教师习惯用教育的口气同自己的亲人、朋友说话；军人养成了服从纪律的心理习惯。但是我们知道，如果只按照牙医的方法去判断身体的健康程度，或者用教师的语气去跟人说话，或者用军人服从纪律的习惯去做事，都是不科学的行为。所以，我们要适当地用自己的抱怨去反抗，不能一概地委曲求全，这样对自己和对他人都是一种不负责的行为。

小时候大人这么跟我说：“凡事要忍着，退一步海阔天空。”好吧，我是好孩子，我听大人的话，于是每每遇到有人欺负我，我总退一步，选

择自己受委屈，以此保全人际关系上的和谐。可糟糕的是，不管我如何委屈自己，还是不能保住朋友间的关系，反而恶化起来。

我上小学五年级的时候，坐在我后面的同学习惯把脚伸直，搭在我的凳子上，我有些生气，他这样做明显就没有考虑过我的感受，但是，我又想，算了吧，不是多大的事情，如果闹起来，势必把同学间的友谊破坏掉。可是谁知道，我越是忍让，他越是得寸进尺，他甚至认为这是我允许的，习惯性地把脚搭在我凳子后面，并且一步步地演变成“我要为他服务”的态势，他非常享受“欺负人”的乐趣，在他眼中，友谊也不复存在。好吧，我第一次意识到，委曲求全并不能促进人与人之间形成良好关系。

所以，整个小学期间，我与这个同学的关系都不是很融洽，我猜想是我“一再忍让”的性格所致。一直到高中时期，我意识到，再不改变这样的状况，我会无法适应校园的生活，于是我努力改变自己，首先要挑战的是“委曲求全”这一理论。

生活上，我会主动积极地表达我的诉求和见解。在上中学期间，后排同学把脚搭在前排同学的凳子后面的现象是永远都存在的，高中期间遇到这样的事情，这次我的做法不是“退一步”或者“委曲求全”了，而是主动告诫对方不要这么无礼，并采取制止行为。我把这些行为理解为向对方抱怨的行为，对方接收到这样的抱怨，便不再继续我行我素了，毕竟我的抱怨是有理的。如此一来，我心里对后座同学的敌对心理就消失了，而对方感觉不到我的敌对，便遵从相互尊重、相互提高的原则，和我成为朋友。

长大后，我越来越知道适当提出抗议的必要性，有效的抗议就是有效的抱怨，一味地委曲求全，最后只能助长对方的习惯性心理。在工作中，许多同事都知道人际关系的重要性，而一味地忍让，不提出问题，不把内心的感受表现出来，最后毁掉的不仅是你，还有对方。

有位同事，心地善良，常常帮助其他同事，但是他在公司却没有真正的朋友，这种人在每个公司都会有那么一两个。有人分析说是因为人善被人欺，我完全同意这样的观点，因为他的一味不抱怨，滋长了他人的惯性心理，所以保持了一贯的行为对待他。后来，我找到这位同事，说："哥们，你怎么不反抗呢？好歹给点脸色，让对方知道你在抱怨，知道你是不接受这种语气的也可以啊？"

这位同事说："哎，算了，委曲求全这个道理你也不是不懂。"

这时我完全明白了，于是我决定跟他说说我小学到高中的那段经历，他听完后当然半信半疑,但面对同事们对他的忽视,他只好试试我的办法了。

一天早上，这位同事来到公司，跟人问好，但是有个人似乎对他的问候并不在乎，而是应付式地说一声："哦。"面对其他同事这样的无视，这位同事开始抱怨起来，自言自语地说："摆什么谱啊，好心好意跟你打招呼都不知道响应。"这句话被刚才那位同事听到了，于是瞬间觉得哪里不对劲，但是他很快认识到自己的错误，走过去对那位同事道歉说："不好意思，我刚才在想别的事情，所以没注意到你跟我打招呼。"

而那位总想着委曲求全的同事内心所有的委屈一下就烟消云散了。一个月过去了，这位压抑已久的同事用同样的方式响应了对他无视的同事，结果他融入了同事的圈子里，也跟其他同事一起嘻嘻哈哈、打打闹闹起来了。这件事让同事们觉得很奇怪，我把惯性心理的原理告诉他们之后，他们才明白过来,原来一直以来他们都习惯了以忽视的方式去对待那位同事，当有一天同事给予抱怨声的时候，他们才醒悟过来，他们已经无礼很久了。

是的，其实世界上并没有无缘无故的犯罪分子，也没有无缘无故的坏同事，只是心理和行为上形成了习惯，给当事人造成了心理上的负担，并随着这种负担拉大了人与人之间的距离而已。当你意识到对方的错误，你给出适当的抱怨，也就有效地防止了对方的心理惯性。

其实，对待自己也是同样的道理。你对事情委曲求全，图一时的快乐，以后会有无数的坏习惯从你身上滋生。这种委曲求全不是人与人之间的关系了，而是自己与自己的关系，你觉得现在不去破坏这种心情，求一时安逸才是最重要的，那么你就错了。

大家都有遇到困难和挫折的时候，有的人会越挫越勇，而有的人会望而却步。我们姑且不深究人们的性格是属于胆汁质还是黏液质，单从不同的遇事态度上来看，前者习惯了“勇”，后者习惯的是“畏”。在某种程度上来讲，这与他们长期以来对待阻碍性问题时的思维有着密切的关系。后者在逆境中还保存并持续着在顺境中的那种无忧无虑，这样就使其与所处的现实产生了碰撞，以致撞得头昏脑涨，不知所措。如果后者慢慢试着去“勇”，习惯了之后，勇于面对任何事的思维定式就促使其迎难而上了。所以，时刻注意把握良好的心理惯性是多么重要。而阻止自我内心的心理惯性，最好的办法就是懂得时常自我抱怨，抱怨自己怎么这么不坚强，抱怨自己怎么这么不小心……这样的抱怨行为能有效地防止心理惯性的滋长，而一味地委曲求全，只能越来越糟糕。

随着时间的推移，客观的外在环境一直处于变化运动之中，很多概念需要不断地调整和修改。一直以来，人们都认为委曲求全是一种美德，是一种包容，但是现在看来，没有原则的委曲求全只能让对方或者自己养成错误的行为习惯。

总之，委曲求全是对心理惯性发展的一种不负责行为，如果懂得有效地抱怨，或许人就能在一个相对合理、相互尊重的环境中生活、工作……

4. “滚雪球式”抱怨让人生变得更不幸

人与人之间最怕的是什么？是有一方无休止地说自己的不幸，而且是重复不停地说同一种不幸。无休止的抱怨，可以随着时间的推移而把抱怨放大，从而把问题复杂化，对问题本身却没有起到任何积极的作用，这就是“滚雪球式”抱怨的可怕之处。依据美国心理辅导专家乔奇博士的发现，造成忧郁、精神崩溃等疾病的主要原因是患者面对很多急需处理的事情，心理压力太大而引起精神上的疾病。要减少自己的精神负担，不应同时进行一件以上的事情，以免身心俱疲。而“滚雪球式”抱怨恰好陷入了同时对一件以上的事情进行抱怨的行为模式。因为“滚雪球式”的抱怨会把抱怨的事情扩大化，把一件事情变成几件事情进行抱怨，所以负面情绪会升级。

慢着，前面不是说抱怨可以舒缓压力、可以有效地解决交流等问题吗？为何现在的抱怨却变得那么可怕？是的，问题的关键是要进行“有效的抱怨”，如今，我们遇到的这种“滚雪球式”抱怨，它就不是一个有效的抱怨。那么，我们先来看看这样的抱怨方式为什么没有效果。

一对男女默默地坐在双方家长的面前，眼睛直看地板。家长们逐一问他们两个是否爱对方时，他们都很坚定地说：“爱！”而当家长问他们为什么要分手时，两人都不知道如何回答。家长一再追问，两人也陷入迷茫中，或许他们脑海里也在苦苦追寻这个答案——我们为什么要分手？

这样的场景似乎令人觉得有些莫名其妙，不明事理的人也许会说：“你这不是在耍我们吗？既然相爱，又说要分手。”

想想也的确如此，相爱，还要分手，最让人纠结的是，他们还不知道为什么要分手。

先别笑，或许你也同样遇到过这样的事情，两人明明知道爱着对方，却莫名其妙地想吵架。

后来，一位家长问那对男女：“你们快乐吗？”

那对男女异口同声：“我不快乐。”这话说得倒是很坚定。这回大家都明白了，原来相爱不一定快乐，不快乐的两个人在一起，哪怕是有多爱，最后他们还是会选择离开对方，这似乎成了铁一般的定律。

说到这里，我们发现了一个现象，很多人发现自己不快乐之后，便开始下结论——分手。很少人会刨根问底地问自己为什么不快乐。在这里，我不得不说这一对欲分手的情侣出现的问题了，他们犯了“滚雪球式”抱怨的错误。

其中一位家长又问那对男女：“你们为什么不快乐？本身两人也是相爱的，生活上也还过得去，你们都有好的工作，前途一片光明。我就搞不明白了，为什么不快乐？请给我们一个答案。”

此时，这对男女再次陷入困境中，脑海里继续出现问号，然后两人相视一下，吵架是避免不了的了，先是女的说：“他越来越不像话了。”

男的自然反击：“怎么不像话了？就你像话？”

“你什么意思，你还不承认？”

“我承认什么啊？”

“自己做的事自己清楚。”

“我不清楚，麻烦你讲清楚，不要信口开河。”

“谁信口开河了？你自己想想，你上星期一晚上做了什么？”

说到这，家长们无不着急地等待着下文，可是男的却不继续说了，而是做出一副努力回忆上星期一的事情的表情，试图能在记忆中搜索出有什么不对劲的地方。大概 20 秒钟后，男的放弃思索，说道：“我还是想不起来，我到底做过什么？我没对不起你的地方。”

女的似乎更加来气了，站起来指着男的说：“你还敢说你没对不起我的地方？我告诉你，这事你一定要给我个交代。”

男的受到了冤枉，同样恼火，也不甘示弱，站起来拍开女孩子的手指，叫道：“你说归说，别指来指去，你倒是说出来啊，我到底做了什么对不起你的事？说啊？说不出来不要乱指我。”

这时，女孩除了生气，还多了一点失望，她万万没有想到自己这么爱着的男人竟然用如此口气对她说话，还动手拍她的手，这是她怎么也没想到的，眼泪“哗”地流了下来，边哭边说：“我告诉你，你太欺人太甚了，你以前口口声声说爱我一辈子，保护我一辈子，这些都是骗人的话，你给我滚，你这个浑蛋。”

话题被升级到了爱不爱的问题，刚才还明明承认相互是爱着的，而现在却说对方不爱她。

男的自然巴不得想“滚”，他也受不了此时的女友。之前，他说什么，女友都百般依顺，现在竟然无事生非，还当着家长的面这么冤枉他，他彻底对她失去了信心，于是抬腿就想走。但是，家长们可不干啊，事情说到这，大家还不知道他们俩之间到底发生了什么事呢。家长们拦住男的，要求他说清楚，而男的感觉自己好像被抓奸了一般，回过头狠狠地看了一眼女的，放下一句狠话："你这个无理取闹的女人，让我身败名裂，这回你满意了吧，我投降，你到底想怎么样，你说吧。"

女的哭得已经不成样，旁边的母亲拿来纸巾一边帮她擦拭，一边问她："说吧，他那晚到底做了些什么，没事，妈给你做主。"

女的见有母亲支持，便硬气起来，直起身子再次指着她男友说："你问他，上周一晚上，在马路边上，他眼睛都盯着谁看了。还有以前，经常接到女人的电话，别以为我不说，你就可以胡来，我告诉你，你这是在侮辱我。"

这回大家才恍然大悟，吃醋。

大家可能觉得这点小事不至于闹成这样，不就是男人在路边看了一眼一个不认识的女人，之后女友开始喋喋不休地抱怨起来，最后事情升级到了情感问题。其实很多事情都是从一点一滴的小事积累起来的。这样的抱怨如同雪球一般，一点一点，越滚越大。

我们从这段故事中可以看到，两人分手的导火索是男友在路边看了一眼一个陌生女孩。之后女友开始抱怨，把事情越说越远，最后搞得男友都不知道为何要分手。你说这是不是很幼稚？但是人的情感就是这么复杂，往往重点的事不说，非得说一些不是重点的内容，无形中把事情放大化了。

现在，我来说一下解决办法，如果女友不喜欢男友看陌生女孩，就直接抱怨这件事，而不是把抱怨的范围扩大化。喋喋不休地抱怨并不能使对方多一分理解，反而会让对方觉得你是在无理取闹，这种抱怨可以说是自杀式抱怨，不抱任何目的地去抱怨，想到什么说什么，最后使矛盾一步步地扩大。另一方面，被抱怨的人应该注意到对方的情绪，及时确定出对方是否在“滚雪球式”地抱怨，如果对方滚来一个问题，你就接一个问题，无疑是在帮着对方一起滚这个抱怨的“雪球”，而问题永远都得不到解决。

所以，无论是抱怨的人，还是被抱怨的人，如果遇到喋喋不休的人，我们要多多注意话题的方向性，切莫沦落到“滚雪球式”的抱怨圈套里面去。

家长们一听这两位年轻人竟然如此幼稚，为了这些鸡毛蒜皮的事闹成这样，于是两个人都被批评了。这对年轻情侣莫名地感到奇怪，为什么都被批评了？明明是对方的错，为什么连自己都要受到批评？事情并没有家长们想象得那么简单，这两位年轻人依旧很固执地埋怨对方，并坚持不想在一起了。我不得不说，这种抱怨的圈套实在太强大了，它可以把一个简单的问题升级到无限可能性，并破坏原来的抱怨，升级到另外一个抱怨点去，以致双方都觉得对方是错的。这时已经晚了，因为抱怨的点已经不是原来那个简单的点了，这一切都是喋喋不休的抱怨引起的后果。

我们换一个角度去想，如果女孩在男孩开始看陌生女人那一刻这么说：“看够了没？不能多看看我吗？”

而男孩笑笑说：“我是看她有没有你漂亮而已，现在发现了，你是最漂亮的。”

这样问题就解决了，而且还显得那么的浪漫。在整个过程中，我们只看到女孩抱怨了一句，男孩就明确了女孩的抱怨点，然后做出了正确的响应。问题之所以这么容易解决，是因为女孩没有喋喋不休地抱怨，没有把事情扩大化。

5. 有效抱怨 PK 沟通不畅

为了证明有效的抱怨是有利于人与人沟通的，我尝试着做了对比。我首先想到的是，把我以前的故事罗列出来，然后跟现在认识到的有效抱怨的故事加以对比。那么，我们先看看那些沟通不畅的故事，并从中找出沟通不畅的原因。

很久以前，美术系的一位同学跟我说了这么一个笑话，他们系有位美术老师，说话总磨磨叽叽，表达不清楚。有一天，学校请来了人体模特，这模特是女的，是学校特聘的裸体模特，专门给美术系学生画画用的。美术系那位老师见模特来了便上前跟模特说姿势该如何摆，但是说了半天模特也没明白，而美术系的老师有点着急，于是动手想摆正模特的姿势，殊不知模特开始生气了，因为此时的模特是裸体的，老师上前动手动脚未免有些失礼。于是，美术系这位老师被模特骂了一顿后，甩门走了，最后这事被传开了，说这位老师非礼裸模。但是在场的学生都知道，这位老师是冤枉的，可是谁能说得清楚，结果就成了笑话在同学们的相互耳语中传开了。

这位老师被冤枉只能怨他自己，他犯了沟通不畅的毛病，如果他能说明白，就不至于着急着上前“动手动脚”了。

除了这位老师的沟通错误之外，还有一种沟通是不顺畅的。这种沟通表面看似顺畅、文明，却解决不了问题，所以我还是把它归结为不顺畅的，因为不能解决问题的沟通都是不畅通的。

你知道，前面我说了，我经常会去参加一些励志大师的演讲课程，大师们经常会说一些故事，用来证明人应该不抱怨（这点已经被我否认）。我记得有位“大师”说过这样一个故事，一位年轻的女士前来跟大师咨询，说：“我跟我丈夫好像有点问题。”

大师问有什么问题，女士说：“我觉得我们总不能说到一块儿。”

大师当然想进一步了解，于是问道：“举个你们生活中的例子好吗？”

这位女士开始说她的故事了，女士说：“我记得，有一次，我跟丈夫讨论装宽带的问题，丈夫认为要装电信的宽带，说稳定，而我要装移动的，我觉得移动便宜。于是我们就这个问题讨论起来。”

大师问：“你确定你们是在讨论而不是在争论？”

女士回答：“我先生说话很温柔，我也不会高音量说话，我们应该是在交流，没有争吵，最后我还是同意丈夫的观点，家里装了电信的宽带。”

大师笑了笑说：“你们没什么问题，你们的交流是很好的，起码不抱怨，不争吵。没事，没什么问题，相互包容是好的。”

就这样，大师叫那位女士回去了，之后大师把这个故事作为成功的案例，然后得出这样的结论：“你看，一个没有抱怨的家庭，他们是多么的温和、平静，其中一方做出让步，事情就得以解决。”

听完这位大师的课，在回家的路上，我在想，难道这个家庭的问题真的解决了吗？他们的交流真的没有问题吗？如没有问题，那位女士为什么还要找大师咨询。现在回想起来，那位女士当时心里正为糟糕的沟通而纠结，如果内心的情绪一天得不到解决，问题就会因此恶化。而励志大师却把这件事判断为是正常的，为此，我深表怀疑。

其实，他们虽然没有大声争论，也没有相互抱怨，但是他们没有针对安装宽带这件事做出理智的讨论，没有抓住两人都认可的观点进行选择，他们的选择只是一方做出让步才得以达成最后协议。所以，这并非有效的沟通。比如电信与移动的宽带安装费用，它们的流量大小等，这些问题他们都没讨论，很明显，他们的讨论是毫无意义的，也是不成功的。所以女士会因为自己做出的让步而纠结。凡是心里有纠结，我们就不能忽视，因为这就是问题的所在。

我们再来看看用另外的方式是不是能解决，我试着这么假设——女士并没有选择礼貌性的交流，而是选择了一种反抗性的抱怨。女士在丈夫跟前抱怨道："为什么要选择电信的啊，我讨厌电信的。"

这时，丈夫会如此回应："为什么讨厌啊？电信哪里不好。"

女士为了维持自己的观点会继续说："电信的收费这么高，而且我们小区没有电信的基站，要从很远的地方拉线。如果是移动的，我们楼道那里就有一个分接箱，很方便就可以分出一个接口。"

丈夫对妻子的这些话自然有所考虑，于是这个由于抱怨而引起的交流起到了交流的最基本作用——让两人对事情做出进一步判断。

刚这么设想了一下，电话响起，是同事打来的，说晚上有聚会，不得不参加。那好吧，在北京总有些"被绑架"的事情（比如强迫你去吃饭、唱歌之类的事），晚上我如约而至。就在聚会的过程中，一同事开始抱怨起来，说公司食堂的午餐实在太难吃。很不巧，这次聚会食堂的经理也在，于是食堂经理开始反驳起来："怎么不好吃了？"乘着酒意，我那位同事大胆地说了起来："怎么不好吃？天天吃那几样菜，能多换一点菜式吗？

这么多菜，也不贵，肉菜干吗天天做土豆炖牛肉？排骨炖萝卜、清蒸鱼这些你不会做吗？”好吧，食堂经理被说得哑口无言。第二天上班，中午，到了吃饭时间，食堂的菜让人眼前一亮，明晃晃的清蒸鱼一条条地摆在盘里。无疑这是同事昨晚的抱怨换来的成果。吃饭的时候，昨晚抱怨的那位同事对着食堂经理叫道：“经理，下次欢迎聚会啊，咱们再提提意见，这次做鱼就做对了，哈哈。”食堂经理点点头说：“你不说我还不知道，下次多做几道菜你们自己选。”

无疑同事的抱怨是有效的，他的观点直接、明了。当然了，文明的沟通还是需要的。但是有时候我们需要表现出抱怨，才能激发出问题，让问题本质显现出来，这样的沟通才更有针对性。我还记得鲁豫的一个访谈节目，被访谈的人物是著名主持人水均益。鲁豫问水均益：“你在央视做节目，有争吵过吗？”

水均益说：“那是肯定的，我还记得，有一次我跟白岩松我们俩都报了一个相同的选题，主任把我们叫到了办公室，在主任的办公室里，我就跟白岩松吵了起来，开始相互抱怨，但是我们吵到一半都突然停了下来，然后拥抱在一起……”

无疑，水均益和白岩松的那场争吵是有效的，但是刚开始时，我们也看不出他们文明在哪，当问题被两人意识到的时候，他们得出了共同的观点，于是两人拥抱在一起。这说明什么？沟通是否有效不在于声音的大小或者语气温柔不温柔，而在于能不能解决问题。一切解决不了问题的沟通都是无意义的。所以我大胆地认为，抱怨，虽然显得无礼，或者也不温柔，但是它的确可以解决问题，当然，前提是使用恰当的有效的抱怨。

小测验

心理压力测试——抱怨的地雷，你踩了几颗?

你心理压力大吗？你想测试一下吗？压力堆积会对心理产生极大的破坏，往往成为轻生的导火索。在这里为大家提供了一份心理压力测试表，测测你的压力水平。请在每道题后标注“不适用”“偶尔适用”“经常适用”和“最适用”。

1. 发现自己为很细微的事而烦恼。

2. 似乎有些神经过敏。

3. 若受到阻碍，会感到很不耐烦。

4. 对事情往往做出过度反应。

5. 发现自己很容易心烦意乱。

6. 发现自己很容易被刺激。

7. 感觉自己长期处于高警觉的状态。

8. 感到自己很容易被激怒。

9. 感觉自己经常在同一件事情上消耗过多精力。

10. 很难让自己安静下来。

11. 受刺激后，我感到很难平心静气。

12. 神经紧张。

13. 感到很难放松。

14. 感到忐忑不安。

15. 很难忍受工作时受到挫折。

选“不适用”计1分，“偶尔适用”计2分，“经常适用”计3分，“最适用”计4分。

A.15分：你没有压力；

B.16~30分：你有轻度压力，需要调试自己的情绪了；

C.31~45分：你有中度压力，除自我调节外，还可以寻求心理咨询师的帮助；

D.46~60分：你已经处于重度压力之下，建议寻求心理咨询师或精神科医生的帮助，做心理咨询或者根据情况做治疗。

三、抱怨，寻找解决问题的途径

抱怨是可以解决实际问题的，并非如有些人所说的，抱怨是一种不道德，或者是一种徒劳的行为。但是，该如何抱怨，有哪些方式供我们选择，我将一一道来。当然了，这些方法，要积极运用到你的个人生活当中，还要从中挑选适合你的方法，不可盲目使用。

1. 让抱怨远离冲突

很多人对抱怨的理解是“冲突”，喜欢劝人不要抱怨的励志大师尤为严重，如果是冲突，当然是要劝人不要发生冲突，于是得出了结论，不要抱怨。但事实上，有效的抱怨对生活是起到有效作用的，并不是真的冲突。

但是这也不能全怪励志大师，因为很多人的抱怨就是冲突，他们的抱怨往往会陷入“冲突”的困境，这是不善于运用抱怨艺术的结果。初中时期，我亲眼见过这样的抱怨。

我的初中同学叫苏培田，他就跟物理老师发生过一次严重的冲突，而现在看来，这根本不是有意冲突的，他只是想表达一些心里的不满，抱怨了几句而已。但是，他用错了方法。

那天下午，老师在讲牛顿定理，大家听得聚精会神，唯独苏培田感到不满意，因为他学习能力强，物理是他的强项，对牛顿定律早已理解，于是自言自语地说："该讲的不讲，不该讲的翻来覆去地说，简直是浪费时间！"

试问，哪位老师听到这样的话能受得了？老师浪费学生时间，是对一位兢兢业业的老师给出的最大侮辱。这时，这位物理老师把书重重地扔到桌子上，并走到苏培田跟前说："这位同学，请你说清楚，谁浪费了你的时间？！"

苏培田并不退让，说："你啊，还有谁？"

老师听了更加生气，本以为能把苏培田吓住，却没成功。于是，老师受不了这样的侮辱，冲突爆发了。物理老师直接抓住苏培田的衣领，拉扯起来，幸好年级主任刚好路过班级走廊看到了这一幕，赶紧上前阻止，并了解了情况。接下去的情节估计大家都能猜到，苏培田被叫到主任办公室教导，主任让他第二天在早操前当众念检讨书，并向老师道歉。

事后，我问苏培田："你是真的想侮辱一下物理老师？"

苏培田一脸无奈地说："哪有啊，我就是想告诉他我已经学会这个定律了，不想再听了，听烦了，想抱怨一下。"

我明白了，苏培田本想用抱怨来解决问题的，却招来麻烦，这就是不恰当抱怨的结果。苏培田的"抱怨"向"伤害"方向倾斜了，说的人也许不在意，而听的人却认为是一种伤害。有了伤害和被伤害的关系，冲突肯定会发生。所以抱怨的程度和方向非常关键。

现在，我们明白了如何去避免冲突式的抱怨，反过来，如果有冲突，我们又该如何去运用抱怨呢？

很多人不相信，本来就有冲突了，你还抱怨，不就加剧了冲突吗？怎么还可能运用抱怨？当然了，我并不提倡在矛盾冲突进行中使用抱怨，因为很容易把矛盾升级，但是在一些特定的矛盾中，我们可以在抱怨中寻求解决。比如，用抱怨解决“暗战式”冲突，就是一种好的选择。

同事梁皓与韩国富是一对死冤家，但他们彼此都很小心，尽量不去触碰对方。他们之间的冲突就属于“暗战式”冲突。有一天，这两位同事又在工作中遇到了，鉴于不方便直接口头对话，于是梁皓开始自言自语地抱怨起来：“哎，这个报表真是要多复杂就有多复杂，真希望做报表的人以后做简单点。”

刚好，韩国富就是做这个报表的人，在一旁的他听到了，没有吭声，但是他心里已经在思考这个问题了。果然，下次再做这个报表的时候，他开始注意这个问题了，结果做得果然很简洁。就这样，梁皓的一句抱怨，轻松解决了问题。

但是，面对激烈的冲突，抱怨的方式就要有更多的智慧了。吴莉莉结婚三年，跟丈夫总有吵不完的架，她感到很无力。她的朋友霍红给她出了一个好主意——抱怨。

我们且看吴莉莉是如何抱怨的吧。有一天她跟老公因为早餐吃什么的问题发生了争吵。丈夫认为吃豆浆和油条比较好，而吴莉莉则说要喝牛奶和吃三明治。对于吃早餐的分歧只是个导火索，最后升级到关于抚养孩子谁更科学的问题上，丈夫之所以说吴莉莉不科学，是因为吴莉莉吃早餐模仿西方人的吃法，有违东方人的饮食习惯，对营养的吸收也会受影响，由此判断吴莉莉是有意模仿西方人的饮食习惯，会带坏孩子，让孩子也跟着不习惯吃中餐。而吴莉莉反对丈夫这种论调，称他小题大做，根本不存在吃中餐和吃西餐的刻意性，她只是突然觉得吃三明治比较好吃而已。当争吵到这个时候，吴莉莉突然意识到，再这么争吵下去，就跟以前一样了，对彼此没什么好处，最后不欢而散，各自忙各自的，得想个办法阻止这种争论。于是她想起了霍红跟她说过的方法。

吴莉莉转变语气，把刚才对抗、争辩的语气变得缓和起来，转而跟撒娇一样抱怨道："哎呀，人家就是想吃个三明治都不行。"

丈夫听到后，回应说："不是不行，而是真的对你不好。"

吴莉莉继续抱怨："都这么久不吃了，我到底什么时候才能吃一次啊。"

丈夫当然要大度了，于是皱了皱眉头说："好吧好吧，今天就吃三明治吧。"

就这样，吴莉莉解决了问题。但是我们回过头来看他们的对话，你会发现，吴莉莉并没有把问题激化，也没扩大化。之前丈夫说她刻意模仿西方人的饮食习惯，而她会针对此观点进行反驳，把最原始的那个问题——早餐吃三明治，远远地抛开了。这样问题当然得不到解决。另外，正在冲突中的两个人，如果还以针锋相对的方式去争取对方的妥协，是一种徒劳，因为人类都有个特点，爱面子，不会轻易认输。所以，与其这样，还不如抱怨，用一种近乎撒娇的方式去抱怨，这样丈夫就会做出退步，进而满足妻子的要求。

当然了，并不是在什么人面前都可以这么抱怨的，吴莉莉是在丈夫跟前撒娇式地抱怨，如果是在同事跟前，这种抱怨形式就不适合了。所以，当遇到同事时，这时的抱怨要稍做改变，可以表现为带有可怜成分的抱怨，以此来博得对方的同情。比如，两位同事正在吵架，冲突眼看要升级，那么该如何利用抱怨去化解呢？

王辉跟李树明正在相互指责，王辉认为李树明没有按照公司的要求做好方案，导致他无法执行，而李树明则指责王辉没有好好地理解方案的文本内容，导致最后执行时出错。最后，两人的话题延伸开来，甚至争论到平时谁工作更认真，谁表现很差劲等。正当两人争吵不休的时候，王辉突然抱怨起来："真是的，有什么好争的，都是给人打工的，在这指责来指责去有必要吗！"

这时，李树明也安静了，他掏出一根烟，闷声闷气地抽了起来。此时，相信他们都在思考着什么，争吵得到了缓解。这时，王辉继续抱怨："到底这个问题出在哪呢？真是头疼啊。"

冷静后的两人变得理智起来，李树明又掏出一根烟递给王辉，王辉接过烟，说："我们从最开始的策划开始找，把问题找出来，也许是执行的问题，也许是策划的问题。反正，我们先找吧，遇到这种问题真是头疼。"

李树明叹了一口气说："哎，吵也没用，只能这样了，要不然我们都挨骂。"

就这样，王辉和李树明达成了工作上的协议——从策划到执行，一步步查找，看问题出在哪里。

我们回过头来看王辉和李树明的对话，刚开始，他们漫无边际地相互指责，以一种冲突式的交流进行交流，很明显，这样只能把问题放大、复杂化。而通过王辉的一句抱怨，两人都开始冷静下来了，这一句抱怨换来的是两人的理智，接下去的抱怨，让两个人有了种同病相怜的感觉，于是站在了同一条战线上，而不是相互指责，最后他们共同得出了解决问题的方法。归根结底，最后的好结果完全归功于王辉的那一句抱怨，这就是在冲突中利用抱怨的艺术的例子。

在生活中，我们会遇到这样那样的问题，发生冲突的时候，我们要善于利用抱怨，相信有效的抱怨能化解更多的冲突。

2. 是的，你没错，是场合错了

大学时，我有一位师妹叫李思，她跟我一个琴房，我们同一个导师，她很刻苦，每天很早就到琴房练习，当然，对老师也是很尊敬的。有一天，她跟她男友吵了起来，她男友跟她是同班同学，跟我一个宿舍，叫蒋宁。当我到琴房门口时，我听到最多的一句话是："难道我错了吗？啊？你回答我！"

我听到蒋宁是这么回答的："你没错。"

李思百思不得其解地追问下去："那为什么？为什么还要骂我？"

这时，琴房开始安静下来，估计蒋宁也不知如何回答她，收拾好书本，匆匆离开了琴房。紧跟着，李思也追了出来。看到我在琴房门口，蒋宁显得有些尴尬，而李思依然大声地抱怨道："你这个怂样，你给我站住，有什么不好意思的。"

原来，李思最近跟蒋宁在吵架，李思抱怨蒋宁上专业课迟到，这一抱怨惹怒了蒋宁，于是两人开始吵了起来。李思抱怨的时候，刚好琴房里有六七位同一导师的同学在等老师来上课，蒋宁爱面子，所以恼羞成怒，最后跟李思吵了起来。这样的情况似乎很常见，一个人当着众人抱怨一个人，这样不仅没法让对方服服帖帖地听你的抱怨，反而会引起对方的反感，最后甚至吵起来，矛盾升级。

当然，李思和蒋宁这件事最后如何解决的，我不得而知，但可以看到，李思在一个不恰当的场合抱怨蒋宁，使蒋宁失去了继续听李思抱怨的意愿，并在同学面前失去了“尊严”。所以，这场争吵完全是李思不顾及场合地抱怨而造成的。但是，我们站在李思的立场思考，其实李思所抱怨的内容没有错，蒋宁是该听李思的抱怨，争取下次早点到琴房等导师的到来，那是对导师最起码的尊敬。

事情就是这么怪异，有些正确的事并不能堂堂正正地拿出来说，毕竟人的情感是复杂的，一旦内心的抗拒感被引燃，不管是多正面的教导，也会变得徒劳。

场合问题和人的内心联系极其紧密，特别是在中国儒家思想的熏陶下。大家听说过“家丑不可外扬”这句话吧，这就是在儒家思想的引导下得出的一种处理人与人之间关系的智慧。这种智慧的本质就是不要在错误的场合抱怨。

在古代，人们就懂得抱怨的分寸，一般家庭都会有这个观念，不管家里发生什么事情，对方犯下了多么不可原谅的错误，家里的事情只能在家里说，不能在公共场合，当着外人抱怨自己的家人，这样会给人不好的印象，同时给家人的内心也会造成伤害，问题也不会得到解决。

在职场上也是如此，如果不讲究抱怨的场合，就不会有好的同事关系。我的一位同事叫王耀民，王耀民是个心直口快的东北小伙，工作后，王耀民明显感受到了南北文化的差异，南方人含蓄内敛，工作上有什么问题或想法，从来不直接提，都是拐弯抹角地先行打探一番，或是旁敲侧击地曲线救国，但王耀民向来有什么说什么。

看不惯的公司条例，王耀民会直接抱怨，领导处事不得当，他也喜欢站出来说两句。公司出了个新规定，王耀民直接把不满情绪发上了微博，没过两天，王耀民发现领导们看自己的眼神都特别犀利，这才想起，微博粉丝里好像就有他们。

其实，抱怨方式很重要。不分场合、不分轻重地抱怨，只会适得其反。现代网络发达，以前有人匿名上论坛发帖抱怨，现在升级为微博，虽然还没有实行实名制，但对一个小团体来说，你加我，我加你，谁不认得谁？别忘了粉丝群里难免混杂着各色人等，也包括领导那双炯炯有神的双眼。在公众场合抱怨，非但解决不了问题，还会转移矛盾焦点，让领导只看到你爱抱怨、斤斤计较的一面，印象分直接下滑。

不分场合地抱怨的害处还包括对第三者的影响，这种情况一般出现在教育下一代的情况下。比如，当父母在相互抱怨的时候，在一旁的孩子会受到影响，在这种场合下，作为父母就应该加以回避，然后再展开抱怨。因为孩子听到这些抱怨声时，内心不由自主地会受到影响，孩子会自问，到底是谁对谁错呢，为什么他们都在说是对方的错呢？于是孩子对于是非的判断会受到影响，以后遇到事情，就没法正确地去判断。所以家长要在“孩子不在旁边”时再进行抱怨，等抱怨有了结果，再把对错关系表现出来让孩子知道，这样孩子就有了判断对与错的标准了。

我接触过一位老师，他跟我说过这样一个故事，他说，有两位家长找到他，叫他分析孩子为什么老是喜欢偷别人的东西，家里也不缺钱，为什么孩子会这样呢？

老师自然会有自己的办法去找出原因，于是分别跟两位家长做了长谈，后来了解到，两年以来，他们天天在孩子跟前相互抱怨一些事情，导致孩子开始对人的行为准则产生怀疑：到底偷东西是不是一件坏事呢？孩子认为有钱人的东西，他们用不完，可以去拿来使用，这是帮他们使用多余的东西，不至于浪费。因为他妈妈说过："东西多到扔掉，就是不道德的行为，我不帮你用掉，谁帮你？"但是爸爸反驳说："不经过他人允许就随便碰他人的东西是不尊重他人的行为。"孩子也不知道听谁的，所以最后只能全部都听了，于是产生了偷窃的行为。刚开始并没想过要偷窃，而是在自家楼梯转角里看到有人放了几棵白菜，孩子一看觉得放在这里会坏掉吧，于是拿回家了。

第二天，孩子听到三楼有人大骂谁偷了他家的白菜，至此孩子才知道原来那几棵白菜是有人要的，但是事已如此，只好将错就错了，再说妈妈说过："吃不完的东西就应该消灭它，乱摆东西也是不道德的。"于是孩子就心安理得地原谅了自己昨天的那种行为。由于有了第一次的"偷盗"，孩子的第二次偷盗就变成了刻意的行为，偷偷把隔壁家放在门口的鞋拿去当废品卖，之后又偷同学书包里的零钱……一步步恶化之后，终于被发现，但现在已经迟了，孩子已经体会到了偷东西其中的乐趣——起码对于他来说，这里面是有无穷乐趣的。

这个孩子的过错，其实就是家长经常在他面前抱怨种下的恶果。孩子起先是烦躁，其后是分不清错与对的区别，并能从家长的抱怨声中找到相对应的语言来安慰自己的行为。所以，抱怨不分场合不仅不利于自身发展，还会使第三者受到伤害，可见不分场合抱怨的害处大了。

3. 反击，重新掌握主动权

反击，说起来有点像吵架，但我个人认为更像博弈，人生到处都需要博弈，但是如何用抱怨的方式来进行反击，这是一门新的课题！我们先来说说为何要反击。

人应该坚定自己的观点，并在坚定的过程中向他人传递你的观点，这样才能在观点与观点的碰撞中找到更科学的观点。如果一味地保持退缩，那么你的观点（也许是正确的）势必会受到损害，就完全失去了交流的意义。我们说，一场没有碰撞的交流，就不能得出好的结果，也就是这个道理。

我认识一位律师，这位律师的口才了得，不仅在工作上应变自如，在生活上也常常掌握话题的主动权。他跟我说："你知道吗？控制主动权并非我个人喜好，而是交流的需要。要知道，交流，要双方都想着去掌握主动权，这样才能碰撞出好的讨论结果。"

我问他："如果对方也想掌控主动权，双方岂不是要打起来？"

律师朋友笑了笑告诉我："这就是抱怨的艺术，你要懂得如何去反击，不能过了，也不能不到，要掌握得恰到好处，这样的碰撞才能持续、有效。"

做律师的缘故，我这位朋友有个特点，喜欢用反击的方式去掌握控制权，但是他的反击不但没有引起对方的反感，最后对方还很佩服他，这点不得不让我感到好奇。

我跟他说了一个我的事情：

“胡律师，你知道，在工作上，我们常常会因为一些小的事情而争论不休，每次遇到这种事是最头疼的。你一边争论还得一边考虑怎么不把事情复杂化，于是说话开始显得别扭，有时候还乱了方寸，越是这样，我的语言越是凌乱，最后总是处于弱势的一方。

“当然了，我也想过来次绝地反击，但是当我发起反击的时候，对方就更加强烈地跟我对着干，最后肯定是不欢而散。回头想想，这样你来我往的反击，对于交流而言一点效果都没有。

“有一次，那是我做电力工程的一次经历。我跟同事因为工作上的事吵了起来，双方为了维持自己的观点，吵得越来越凶。当然了，这次我想过了，对于这个问题，一定要反击。于是大声叫道：‘你这个方案，简直是在跟顾客开玩笑，这么大的工程，你竟然简单地用几个数据就说明它是可以顺利完成的。难道你不知道电力工程所涉及的知识之广泛吗？’

“对方听到我的反击，表现得更加激动，他从办公桌的另一头走到我面前大声跟我说：‘你算老几啊，我是国家注册电力工程师，我会不知道这些知识？我做电力设计的时候，你还在学校学音乐呢，你有什么资格跟我说这些？’

“对于对方的这些无理语言，我当然选择继续反击，响应道：‘我不管你做了多久的电力设计，不行就是不行，我是这次工程的负责人，我要为这个工程负责，叫你改你就得改。’

“对方反击道：‘我不改你能拿我怎么样？有本事你自己改啊？’”

事情说到这里的时候，我那位律师朋友打断了我的话，说：“你这个事儿，我听到这里就已经发现你们之间出了一个很严重的问题。”

“什么问题？”

律师朋友说：“你的反击方式错了。”

听到朋友这么说，我一下懵了，怎么反击还有错对之分？不就是对着干的意思吗？可事实上，律师朋友跟我分析的不仅仅这些，他认为的反击跟我理解的反击绝对是两码事。

他说：“其实，我所说的“反击”，并非人身攻击，而是对当下的事情做出观点上的传递而已。比如，你刚才说的‘你这个方案，简直是在跟顾客开玩笑，这么大的工程，你竟然简单地用几个数据就说明它是可以顺利完成的。难道你不知道电力工程所涉及的知识之广泛吗？’这类语言，对他人造成人格上的攻击，对方是不可能听进去的，而你换来的就是如你刚才所说的那样‘你算老几啊，我是国家注册电力工程师，我会不知道这些知识？我做电力设计的时候，你还在学校学音乐呢，你有什么资格跟我说这些？’这样的答复，对讨论电力工程设计有什么好处？很明显，没有半点好处，只能让两人对立的情绪升级。”

我不解，问他：“反击，还得让对方没情绪？怎么做？”

我那律师朋友还是笑了笑说：“呵呵，这个问题需要你掌握好，比如，要抓住问题的关键进行反击，不能说些跟问题不相关的语言，比如‘你算老几’‘我说不行就是不行’等这些话都跟整个需要讨论的事情无关。如果是我，我会这么说：‘你这个方案，缺乏……应该修改……不然……（这部分主要是抱怨的语言）’这样的语言，可以在问题的观点上取得反击效果，同时也让对方明白你所抱怨的问题是什么。”

听完律师朋友的话，我似乎明白了反击的实际意义，于是我学着去运用。有一次，我与弟弟在修理马桶的问题上产生了异议。我弟弟坚持要找修理工来解决，而我却觉得这是小事，可以自己解决。我弟弟开始很强势，语气上显得一点都不打算跟我妥协，他说：“你懂什么？连马桶的构造都不懂的人还想自己修？”

弟弟的语言的确有点伤害到我，我决定对他进行反击，但是反击的开始，我差点陷入了“不抓住事情本身来反击”的错误，张口便“反击”道：“你懂，你来修啊，别一遇到什么事就只知道求别人……”

好吧，我的语言也伤害到了我弟弟的内心，于是他的情绪开始高涨起来，索性对我进行人身攻击：“我不懂，总比你强，你连开个门都能把钥匙弄断，你还有什么话可说……”

到这时，我才突然想起律师朋友跟我说的话，反击，并非吵架，反击式的抱怨要抓住事情本身进行反击，不要把语言岔开，把双方的矛盾升级。于是我换了一种方式去反击，我跟我弟弟说：“其实这个马桶就是浮漂没法上升，如果把浮漂里面再充入气体就可以了，现在的问题是怎么把气体灌入浮漂，并保证浮漂不漏气，这样马桶就可以正常使用了。”

我弟弟则不这样认为，他认为：“不是浮漂的问题，浮漂即便灌入气体，入水口的阀门防水圈也坏了，这个不换，估计很难保证马桶的水灌满了它就能自动关上入水阀门。”

就这样，我跟我弟弟一来二去地，双方持个人的观点进行反驳，最后找到了一个修理马桶的方法。其实，在反击的过程中，我们或多或少有些抱怨，但是在抱怨的过程中我们又针对存在的问题进行了说明，起到了交流的目的。

我的这个经历让我明白了在抱怨中反击的艺术，但是面对生活的多样化、多变式，反击的形式也是多变的。我那位律师朋友告诉我，并不是每次的反击方式都得一样，要注意看对方的语气和表情，当对方的情绪升级的时候，我们就应该让反击缓和下来，等对方情绪稳定后，再进行第二轮的反击。

我的一位邻居叫黄明，他就特别懂得反击抱怨的艺术，他妻子不断地抱怨他回家吸烟，弄得家里满屋子的烟味，而吸烟本身也是不好的，所以黄明每当遇到妻子的抱怨，他就没话可说，毕竟是自己的不对。但是他又一时半会儿戒不掉烟，怎么办呢？幸亏他会“反击”。

黄明不针对抽烟对与不对这个问题进行反驳，而是针对如何有效地解决家里到处都是烟味这个问题进行反击。

有一天，黄明又在家里抽烟了，不到两分钟，便听到妻子抱怨的声音：“黄明，告诉过你多少次，别在家里抽烟，满屋子的烟味，你想谋杀吗？”

黄明非常有智慧地反击：“不好意思，是我不对，但是没办法啊，到底要怎么抽才能让你高兴？我是没办法了，我也跟你说了，我短期内没法戒烟，真的很难啊！戒了以后可怎么办啊，我都不能活了。”

黄明的话没有让他妻子继续生气，而语气也有所缓和：“你少抽点，我也是为了你好，要不你到门口抽，每次让你到门口抽，你就抽得没有那么多了，也许这样慢慢就戒掉了。”

好吧，黄明和他妻子达成了一项协议——以后黄明必须要到门口抽烟，如果在屋子里面抽，就罚黄明一天不能碰到烟。这无疑为“抽烟”这个问题找到了解决的方案，且两人都可以接受。

律师的话以及我自己的经历让我明白，有时候，在抱怨的同时，我们要懂得有效地反击。但是反击和争执可是两码事，反击是针对事情进行辩论，而争执，是针对人进行毫无根据的伤害，让彼此内心都受到伤害。从这个角度分析，我就不难理解我们应该怎么去反击了。

4. 失败了没关系，重新再来

很多时候，人们往往把抱怨跟“只会耍嘴皮子”联系在一起，以为爱抱怨的人只会说，不会去行动。于是会对抱怨的人说：“你有那抱怨的时间，都把事情做出来了。”难道，抱怨仅仅是“只会说不会做”的行为吗？

这让我联想起一个理论，语言行为理论。英国哲学家杰·鲁·奥斯汀（J·L·Austin）在《如何用语言行事》（How to Do Things with Words）一书中不仅探讨了语言使用问题，而且系统、具体地研究了其中的一个问题，那就是说话本身为何会是一种行动，也就是言语行为理论。

言语行为理论的主要观点是：人们的行为受语言的掌控，以言行事。其来源于以下假设：人类交际的基本单位不是句子或其他任何表达手段，而是完成一定的行为，比如陈述、请求、命令、提问、道歉、祝贺等。言语行为的特点是说话人通过说一句话或者若干句话来执行一个或者若干个上面列举的行为，而且，这些行为的实现还可能给听者带来某些后果。之后，才产生交际，这就是言语行为的理论。说话只是人们交际的开始。奥斯汀（Austin）认为，说任何一句话时，人们同时要完成三种行为：言内行为、言外行为、言后行为（顾芸英，1986），也有学者把它们称作话语行为（或说话行为），即以言指事（the locutionary act）、语现行动（或施事行为），以言行事（the illocutionary act）、语导行动（或取效行为），以言成事（the perlocutionary act）。这是人们的交际本性，也是语言的功能。

我们回过头看看人们所担心的“只会说不会做”这个问题，人们常常指责那些“只会说不会做”的抱怨者，但是认识了语言行为理论后，我们应该不会这么说抱怨者了，相反，抱怨者的行动力才是最强的，他们在抱怨某件事的同时，会对这件事产生极大的行动欲望，所以，抱怨者并不是流于表面，还会付诸行动，因为只有这样，他们才能改变现实来满足内心的渴望。

所以，在这里我鼓励抱怨者要勇于发出自己的抱怨，并努力去尝试自己所希望的行为。比如，当你抱怨上班的路途是那么遥远的时候，你一定会想办法让自己的上班路程缩短，于是你开始搬家，住到公司附近；当你抱怨天气太热时，你会想办法让自己凉爽一点，于是你买了一台空调回家，这就是语言行为理论。

纵然抱怨的人会付诸行动，但是总有人在行动中失败。比如，有人总是抱怨邻居太吵，但是阻止他人吵闹并非一件容易的事情，因为这事并不由自己的行为而改变，只能以他人的行为改变为准则。但是抱怨依然要坚持，可以换一种抱怨方式，比如前面说过的反击式抱怨就是一种好的抱怨方式。最近有新闻说，某广场附近的居民，因长期受广场舞的噪声影响，抱怨不成，于是购买了一台高音量音箱装在自己家房顶上，当广场舞大妈开始播放广场舞曲的时候，这位居民便打开音响，以此响应广场舞大妈的行为，最终这种反击式抱怨终于取得成效。

当然了，在抱怨中的失败还包括自己对自己的抱怨。比如，在工作中失利了，感到恼火，但也怨不得别人，只好默默地承受，而承受过多，很容易引起内心的扭曲，无法以好的心情去面对下一步的工作，这就需要制造抱怨机会让内心的情绪得以发泄了。而抱怨的机会的选择就显得很重要，如果操作失误，在抱怨中失败，很容易一蹶不振。

我举个例子，我高中时期，有位学霸在一次期中考试中失利，于是开始郁郁寡欢。处于这样的状态，他后面的学习受到了影响，他开始抱怨学校，抱怨老师，抱怨家长不给予他更多的关爱，于是他开始堕落，一蹶不振。果然他的期末考试成绩很不理想，成了全班倒数第一的差生。这种巨大的反差，让这位学霸接受不了，于是他选择爬到学校后山的山顶，对着天空大声呼喊，然后一跃而下，把自己的生命结束在这座山脚下。现在回想起来，我开始明白过来，原来这位学霸用错了抱怨方式，在一次失败之后，便用消极的抱怨方式去对待生活、学习，导致他没办法重拾信心。其实，如果这位同学选择正确的抱怨方式，积极面对现实，在山顶呐喊一两声，发泄出去之后，选择努力学习，他也不至于丧命山脚。这就是典型的不敢面对自我的错误抱怨。

另外还有一种不敢面对他人的抱怨形式。一个关于老人摔倒扶不扶的小品让人记忆深刻，当下社会就存在害怕承担后果而不为之的抱怨形式，看见老人摔倒了，却不敢上前去扶，是因为怕老人讹诈他，于是开始产生抱怨了——现在讹人的事可多了，多到人不敢轻易扶摔倒的老人，这叫什么事嘛！

就这样，带着抱怨，却不敢去扶摔倒的老太太。这是一种典型的害怕承担后果而无法正视自己的抱怨心理。

前几天，在超市，有位老年人慢吞吞地掏钱包结账，收银员显得有些不耐烦，于是口出脏话，这家超市的经理就站在不远的地方，只是没法听到这位收银员对老太太的谩骂声而已，相信如果他听到了绝对会对这位员工进行批评的。与此同时，跟我一起排队交钱的顾客还有很多，他们也知道这家超市的经理就在不远处，当然也跟我一样对收银员这种无礼的态度感到愤怒，于是开始抱怨："这种收银员应该解雇，这么没礼貌，如何面对众多的顾客？"好吧，说说而已，没有人去真的投诉这位收银员，哪怕大家都知道这家超市的经理就在不远的地方查看商品摆放顺序。

当然，有人建议投诉这位收银员，但是有人却说："算了，投诉也没用的，这家超市的服务风格就这样，一直处于态度不好的状态，我早就习惯了……"

之后，这件事就这么不了了之了。收银员当然还是很无礼，对自己的工作很不负责，把顾客的银行卡重重地丢在收银台上："你这张卡刷不了，换一张。"

直到有一次，这种事情被改变了。有一位顾客，他也遭遇到这位收银员的无礼对待，这位顾客不管三七二十一，便找到这家店的经理，一顿的抱怨。这位经理出于工作上的认真，又找到了这位收银员展开盘问，盘问之后，这名收银员意识到了错误，不得不收敛了许多，一点点改正，终于把工作态度端正了。

这件事让我明白了一个道理，在遇到事情时，如果怕失败、怕麻烦不敢发出抱怨，事情会向着一个更加恶劣的方向发展，而如果敢于发出抱怨，事情就能有效地得到解决。

在商业上也是如此，失败了没关系，大不了重新再来，抱着这种不怕失败的态度去抱怨，成功的概率会大大提高。我国有一位伟大的企业家叫陶华碧，她是老干妈品牌的创始人。而且，陶华碧小学都没毕业，结婚没多久就失去了丈夫，带着孩子整天为了生活而忙碌奔波。别看这位单身母亲没有抱怨的地方，她的抱怨可多了，但她的抱怨从来都是有效的。比如，有一次，她为了得到玻璃瓶装她的辣椒酱，于是找到贵阳一个最大的玻璃生产厂家。但是，陶华碧当时需要的玻璃瓶并不多，只要一两百个，对于贵阳最大的玻璃生产厂家，当然不理会这种小客户，于是拒绝与陶华碧合作。但是，陶华碧没有因为失败而后退，她使用了一种很有效的抱怨方式——“投诉”。

陶华碧找到了该厂的厂长，一口气把能抱怨的话都说了出来，陶华碧抱怨道：“你们真是不开化，有哪个娃生下来就会走路的？都是慢慢长大的嘛，我现在需要的瓶子虽然很少，但是不等于以后也只是这么一点需求量，今天你要不给我瓶子，我就不走了。”厂长当时觉得眼前这个女人很不容易，于是交代办事人员：“好了，允许她在这里找一些不要的玻璃瓶吧。”就这样，虽然只是捡一些废弃的玻璃瓶，但陶华碧解决了辣椒酱没有瓶子装的难题。这是敢于抱怨，不怕失败换来的成果。如今，这家玻璃厂已经成为老干妈风味食品公司最大的玻璃灌装瓶供货商，而陶华碧也从国外购买了好几条生产线赠送给这家玻璃厂，以满足老干妈食品对包装的需求。回想起来，如果当时没有陶华碧的那一次抱怨，能换来现在长久的合作吗？

对临床抑郁症患者的研究表明，有些人失败了，他们常常屈服于失败而停止努力。正常人在项目失败的时候往往会归咎于外部因素。他们会说这客户就是个浑蛋，或者说因为他们自己没休息好。而抑郁症患者却会责怪他们自己并且相信自己就是个笨蛋。

你投过票吗？如果没有，这是由于你认为这不要紧，因为事情从未因此改变。你认为政客们都是邪恶的，还是觉得一张选票在几百万张选票中无足轻重？是的，这就是习得性无助。

当受虐待妇女、人质、受虐待儿童、长期牢犯拒绝逃离困境，那么他们这样做的原因在于：他们已经接受了尝试无用的观点。那么对于他们来说，逃离先前的困境与否又有什么差别呢？即使那些人确实离开了折磨他们的环境，他们一般也会经历一段艰难的日子，难以投入精力做任何可能会失败的事情。

总之，不管什么时候，只要你想抱怨，就不要顾及失败，在有效的抱怨前提下，施展你抱怨的艺术，上天会给你一个美好的未来。

5. 放过自己，拥有轻松人生

这个世界上，跟自己过不去的人太多了，这类人对外界宣称是执着，而外界对他们的评价是固执。到底是执着还是固执，暂不定论，我只知道，放过自己，就会轻松很多。当然，这里所说的“放过自己”还是以抱怨为主题，我们说说抱怨与“放过自己”到底有哪些联系，又有哪些相克的地方。

我们强调过了抱怨的作用，而为何要在这里突然说“放过自己”？我们应该这样理解，物极必反，抱怨要有度，不可一而再，再而三地“折磨”

自己，有些抱怨的内容是没办法实现的，我们要适当地放下抱怨，放过自己。

我有位很好的朋友叫李奕，男生，身材矮小，净身高只有 1.61 米，所以他从初中开始就不断抱怨自己长得矮，直到大学毕业出来工作了，他还在抱怨自己身材矮小的问题，因此整天想着的都是如何增高，尝试过无数药物，也尝试过极端的增高方法，但都以失败告终，如今，他只剩下抱怨了。

本来，李弈可以有甜蜜的爱情，但是因为这抱怨，把那仅有的一次爱情都错过了。李弈毕业后，在一家医院上班，工作还算可以，但是李奕对工作已经不那么重视了，他更在乎的是身高，是能否找到女朋友。其实，在医院里，有位护士逐渐对李奕有了好感，但是李奕总是在这位护士跟前抱怨自己的身高，甚至有一次喝醉酒还粗言骂道："为什么老天这么不公平？你们这些女人，一个个都喜欢身材高大的男生，你们都是势利眼。"

这件事情以后，李奕在这位护士心目中的位置一落千丈，也就不再喜欢他了，而李奕却从来不知道自己不恰当的抱怨惹了这么大的麻烦，这就是不放过自己带来的后果。

现在，李奕每天都不敢看镜子里的自己，上班总很自卑地不敢跟人并排走路，所以很多时候失去了最佳的"同事交流"机会，这是李奕的悲哀。但话说回来了，难道上天注定了李奕这么悲哀吗？答案是否定的，恰恰相反，这是李奕自己的问题，如果他不那么对自己的身高揪着不放，就不会陷入自卑的心理，没有自卑的心理，他就会活得有声有色。

人有一种可怕的天性，即习得性无助。"习得性无助"是美国心理学家塞利格曼 (Seligman) 1967 年在研究动物时提出的，他用狗做了一项经典实验，起初把狗关在笼子里，只要蜂音器一响，就施以难受的电击，狗关在笼子里逃避不了电击。多次实验后，蜂音器一响，在施以电击前，先把笼门打开，此时狗不但不逃而是不等电击开始就先倒在地上开始呻吟和颤抖，本来可以主动地逃避却绝望地等待痛苦的来临，这就是习得性无助。1975年塞利格曼用人当受试者，结果使人也产生了习得性无助。

人的内心在产生习得性无助之后，会跟随以前的经验去反应，因此，当一个人越是在乎自己的感受，他的感受就越是深刻地印在心里，于是内心更是纠结。当然了，这里所说的纠结指的是那些没法得到改变的抱怨。比如人的性别、长相等，如果过于在乎，人就会处在习得性无助状态。李奕就是典型的习得性无助，他习惯了为自己的身高而感到悲伤、自卑，所以没办法从自己的身高问题中走出来，致使痛苦一直伴随着他。

现在很多单身被人称为剩男、剩女，但是很奇怪的是，这些剩男、剩女越是剩着，他们越是丧失了寻找异性结合或者谈恋爱的“技巧”，这是为什么？更多的恐怕也是“没法放过自己”惹的祸。

因为一个人很长一段时间保持单身，就会错误地判定孤独是生活的真相，会越来越习惯单身的生存法则，而失去跟人约会的动力，错失约会机会。比如，本身你跟异性交流的能力是很强大的，具有足够的魅力，但是因为你是单身，你就认为自己没有足够的魅力吸引异性，会抱怨自己不够有魅力，慢慢地就习惯性地认为自己没有魅力了。简单地说就是：你很帅，但是你抱怨你不帅，结果就真的不帅了，这是不是很悲剧？

以上说的都是跟自己过不去的例子，如果一个人放不下自己对自己的那点抱怨，结果会变得越来越糟糕。这种心理同样会出现在工作中。

我有位同事，他刚到公司的时候，他跟我说了这么一句话：“你说我真的能胜任这份工作？”我看了他之前做过的案例，确认他是可以胜任我们公司工作的，于是对他说：“是的，你完全可以胜任。”

这位同事半信半疑地开始了工作，并小心翼翼地跟同事相处，生怕自己的工作做不好而出错。当他接到第一个任务的时候，我观察他，他首先是很谨慎，然后是迟迟不敢着手眼前的工作，直到别人催促他了，他才勉强完成工作。但是这次的任务没有得到上面的表扬，于是他开始更加怀疑自己的能力了（其实他已经合格地完成了这次任务，只是没有出色到该表扬的程度而已）。

经过几次任务之后，这位同事的工作速度越来越慢，离开公司前的那个工作任务，他竟然做不出来了。他一口咬定自己没有这个能力做，并抱怨自己怎么这么笨。我知道，当他抱怨自己笨的时候，他真的变成了很笨的人，他的思维和习惯都随着他的抱怨变笨了。因为他已经患上了习得性无助。

面对这些问题，我曾经跟我的同事说过，其实有些抱怨不要过度，当自己的抱怨到达一定程度的时候，就应该放弃抱怨，尝试着改变自己，让自己习惯另外一种思维，这样才能跳出习得性无助的怪圈。

其实，人和那些做习得性无助实验的狗没有什么两样。在你的生命历程中，如果曾经历过惨败、虐打或控制感丧失，你确定你自己已无处可逃，这时候如果有逃离的机会，你也不会行动起来——你已经变成了一个虚无主义者，相信尝试无用而不是怀有积极乐观的态度。那是你太过于坚信你的最初感受了，也就是你太固守于你现有的思维了。如果你现在有抱怨，那些抱怨的内容便是你最开始的思维。那么，放下你最初的思维吧，放过你自己吧，如此可以换来一生的轻松。

小测验

心理压力测试——你懂得抱怨吗？

现代社会节奏太快，工作、家庭生活中，都会有这样那样的不如意。当你不顺心时，你会保持沉默，听之任之？还是会勃然大怒？还是会选择有效的抱怨方式？

做一做下面的测试，看看你的反应，评测一下自己是不是一个成熟而懂得自控的人。如果你懂得自控，证明你已经懂得如何去抱怨了。

1）办公室里的同事们整个上午都在大声喧哗：

a. 你一言不发地跑到走廊上来回踱步。

b. 你发出一声厌恶的低吼。

c. 你觉得这没什么，你早就习惯了。

2）好友到你家做客，她的孩子不小心打碎了你最喜欢的香水：

a. 你一言不发地收拾掉打碎的玻璃。

b. 你满脸懊恼的表情，一边喝着她带来的葡萄酒，一边抱怨怎么这么涩。

c. 你一点都不觉得难过，因为你又可以再买一瓶你最新看中的香水了。

3）你冲到电视机前准备欣赏你一直想看的电影，但你的伴侣已经捷足先登，正把腿翘在茶几上，优哉地观看足球比赛：

a. 你只好无可奈何地回到房间做面膜。

b. 你走过去，狠狠地关上电视。

c. 你第二天就从他的皮夹里拿钱去买了这部电影的DVD。

4）你和朋友一起去热带地区旅游，但临行前却忘了注射疟疾疫苗：

a. 你临时向当地居民学习灭蚊术。

b. 你忙不迭地给当地旅行社打电话订票，希望尽早离开。

c. 你仍然毫无顾忌地到处游览，就连睡觉都不拉上蚊帐。

5）公司茶水间里的咖啡机吞了你的硬币，却没倒出一滴咖啡：

a. 你自认倒霉，放弃努力，去楼下买咖啡。

b. 你连打带踹，向咖啡机施加暴力。

c. 你按下取消键，很平静地告诉身后的人咖啡机坏了。

6）你周末开车去购物，却碰上了前所未有的大塞车：

a. 你把头靠在方向盘上边等待边休息。

b. 你气得拼命按喇叭。

c. 你坐在车里，想起了你和伴侣上一次遇上堵车时在车里接吻的浪漫情景。

7）伴侣外出公干，却迟迟没有打来电话：

a. 你伤心地放声大哭。

b. 你打电话过去大声质问。

c. 你知道他肯定有很重要的事要处理，下了班后自顾自地逛街、看电影。

8）在一次舞会上，你受到一位众人追捧的钻石王老五的热情邀请：

a. 你没有告诉他你的真实姓名，并且悄悄地把衣领又拉高了一些。

b. 你因为被他选中而兴奋地大声喊了出来。

c. 你告诉他你的脚不小心扭了，并强烈推荐你的女伴与他共舞。

9）在一次派对上，因为兴奋你多喝了几杯：

a. 你赶紧喝下几杯茶水平缓情绪，保持仪态。

b. 你开始手舞足蹈，整个派对变成了你的个人秀。

c. 你很享受这份微醉的感觉，静静地坐在一边为别人的表演喝彩。

10）出租车上的司机是个越剧迷，来回地播放越剧选段，并拒绝换台，而你恰恰是最不喜欢戏曲的：

a. 你开始打电话给你的朋友们，以分散注意力。

b. 你不耐烦地让他停车，不由分说地下车走人。

c. 你耐着性子听下去，觉得越剧也并不像你想象的那么难听。

结论：

如果你的答案中a最多：

你是一个内在型的人，喜怒哀乐都深埋于内心。从表面上看，你的自我控制能力非常强，别人会认为你不是服用了过多镇静剂，就是天生对一切都漠不关心。而事实并非如此。在你平静的表面背后，内心常会有很大的波动与起伏。由于你一向善于掩饰，因此别人很难察觉。不过要小心，千万别在心里积聚太多的情绪，应该留一个小小的出口，让自己在适当的时候得到缓解和发泄。否则，积郁一旦爆发，其杀伤力将不可想象。

如果你的答案中b最多：

你是个大喜大悲的性情中人，敏感而冲动，几乎没有任何自控能力。你所有的情绪都写在脸上，一张寄错了的电话账单或是别人不小心碰翻你的一杯水都会让你气血上涌。然而这种激烈的情绪很快就会冷却，事后你总是会感到后悔莫及，但往往为时已晚。在还没有铸成大错之前，你必须学会冷静，多做几次深呼吸，保持头脑放松，让血气下行。你的率真耿直一直给人不错的印象，千万别因为冲动鲁莽而让自己在别人心里减了分！

如果你的答案中 c 最多：

你是个处乱不惊，甚至有些冷漠的人。就算是在周末的某个轻松时刻，一段节奏欢快的西班牙舞曲也无法让你兴奋起来。更糟糕的是，就算隔壁邻居的狗已经狂吠了两个小时，你还是可以镇定自若，丝毫不会动怒。事实上，你并非一个自控力超强的人，你只是从来不在任何事上放太多的注意力。你好像可以把所有烦心的事都锁进一个远离心灵和耳朵的小盒子里，不让自己受到任何干扰。尽管你不敏感，但也绝不迟钝，你照样会因为一部感人的影片而哭得泪雨梨花，这就是你可爱的地方。

四、抱怨，让生活照耀自信的光芒

人的自信能从自身的语言中得到改变，所以古代打仗时会在冲锋前大喊一声，是为了迅速建立自己的自信，提升士气，敢于跟敌人厮杀。那么，抱怨作为语言的一种形式，它能给我们带来什么呢?

抱怨有很多作用，它可以让人找到交流的重点，也可以让人释放痛苦，也可以让人找到自信。当然了，要通过抱怨找到自信，是需要一定技巧的，胡乱的抱怨只能让内心更纠结，所以，现在我们来一起聊聊如何用有效的抱怨来建立自己的自信心。

1. 谁该为你的错误人生买单

前面我和大家聊过关于我弟弟的故事，我的弟弟常常抱怨父母对他不公平，所以他常常有“谁都亏欠了他”的心态，一遇到不顺，便没完没了地抱怨父母给予他的不够，父母亏欠他，是父母让他的人生不如意的。这是典型的“用抱怨别人来安慰自己”的情况。

当我们发现自己的境地不尽如人意，并且有理由相信无法改变现状的时候，我们惯常的做法是——试图弄清我们为什么会沦落到这种境地，我们总是倾向于把责任归结到外在因素，而不是我们自身。

塞利格曼和其他研究者发现，我们如何归结责任，把无法控制的因素归结到别人或者其他什么东西上，对我们是否会变得无助和我们的整个心理健康都有重大影响。

那么，我弟弟的问题是不是真的可以归结到我父母身上？令我弟弟陷入窘境的祸首又是谁呢？我认为，这一切跟我的父母没有任何关系。我弟弟如今没法找到工作，有一部分原因归结到他自己没有学历，是因为他上学时不努力，而不是父母对他不关心。塞利格曼的研究表明，如果我们觉得造成失败的原因来自外部，那么我们就会想当然地认为那不是我们所能控制的，而这种想法非常有可能使我们陷入习得性无助。我弟弟这种习得性无助思维，正是因为他习惯了这样去抱怨他人，所以遇到事情总想用抱怨别人来原谅自己的过错。

假设，我们遇到了跟我弟弟一样的情况，但同时我们又有着一种更积极的行事风格，我们会如何应对？

首先，我们会认为自己年轻时不够努力，而目前的技术不断更新，学习起来很吃力，很难跟上时代的节奏。面对这种情况我们需要的就是坚持学习，而坚持的程度自然是在我们能力范围之内的。

其次，我们也会把问题看作是暂时性的，而不是永久的。例如，我们会认为即便现在没法改变现状，但是人生漫漫，选择不是唯一的，我们可以通过改变自己而改变现状。现在没法找到工作，但是只要注意学习新的知识，留意新动向，总能找到工作的。

两个不同的人面对完全相同的情况，可能会把失败的原因归结到完全不同的因素上。我消极的弟弟认为问题出在他人身上，不是自己不努力造成的。而积极的人会用尽各种办法改变自己抱怨的内容，比如，抱怨年轻时没好好学习，那就从现在开始认真学习，总会取得一定的成果。

事实上，人是这个社会的个体，每个人都有义务和权利为了自己的生存而奋斗。如果在生活上遇到困难，就把抱怨的矛头指向他人，那么自己永远没法得到进步，因为没有谁会为你的错误人生买单，而且也买不起。长期寄希望于自己的错误别人来买单，是一种不自信的表现。

再回到我弟弟的事情上来，我弟弟他上学期间不努力学习，导致他没有好的学历，是他自己的错误，但是生活的艰难却让他不敢面对自己的错误，于是总是想通过语言上的抱怨，来刺激起别人对他的同情心，以求达到别人为他的错误买单的目的。因为他知道，只要他抱怨了，别人就会同情他，就会帮助他。其实，如果长期给予他帮助，他会因此丧失实现自我价值的欲望，最后落得一败涂地。

所以，终于有一天，我父母决定把他赶出家门，让他到社会上打拼，并说："不成功，不允许回家。你的人生没有人能为你买单，你不努力，别人代替不了你……"

就这样，我弟弟被迫离开家，去广东打工，刚开始，他还打电话回家求救，但是家里人忍痛拒绝伸出救援之手，一次次拒绝之后，我弟弟不得不面对这个事实——不努力，自己就会被饿死。

一年后，他再次打电话回家，说出了这么一句话："爸，上学的事不关你的事，是我自己不努力，我现在在创业，辛苦是辛苦，但我好像找到了我自己……”

这一通电话自然是感动了我父母，也证明了我弟弟认识到了没有人会为他自己的错误买单的现实。如今，他已经成为小有成绩的工程老板，这一切都是他自己努力得来的。如果当初他只是一直抱怨，没有行动，就不会取得这样的成绩，这是很明显的道理，当一个人有了抱怨之后，他才知道自己缺乏什么。比如，我弟弟抱怨家里不能支持他上学，不能支持他取得好的文凭，那么他多少知道自己在教育问题上有缺陷了。当他的抱怨到一定程度的时候，如果选择努力去弥补这些错误，那么他会在抱怨过后取得前所未有的进步。

这是没有谁给你的错误人生买单的案例，但是也有这样的案例——有些人的人生就该抱怨，让别人来买单。

同学蒋顺山这样跟我抱怨过：“学校根本没有把专业课时间排好，上午四个小时，六个学生跟着一位导师，而导师要轮流为六位学生上课，从时间上算，每个学生的时间都没法得到保障，这么短的时间，能学到什么？”

好吧，蒋顺山同学的抱怨没有让老师听到，只是跟我说而已，他就这样忍了一个学期，最后他的专业课没考及格，需要重考，不仅如此，跟他一个导师的同学都没考及格。其实，蒋顺山可以通过抱怨，让老师为他的成绩负责，但是他没有，而是选择了顺从学校的安排，到其他年级的导师那里听课。为什么不抱怨呢？如果蒋顺山继续抱怨，他可以要求导师继续带他一年，因为是同一导师授课，他已经适应老师的授课方式，就可以快速地领悟老师所讲的知识，如果再换一名老师，蒋顺山势必要再花一段时间去适应老师的授课方式，时间上也是一种浪费。

这就是一个可以抱怨却没有进行抱怨的案例。不要求他人为他的错误买单，却让自己失去了更合适的学习方式。而我弟弟的案例是他没有资格抱怨，却不断地抱怨，希望他人为自己的错误买单，结果越来越堕落。这两个案例说明了一个问题，有时候，你的错误是不是可以让别人来为你买单，要仔细进行分辨，如果分辨结果不正确，这个错误也将继续下去。

身在职场的人应该明白这一点，用抱怨的语气去跟人说话，别人会说你无理取闹，为什么呢？因为别人没有理由去为你的错误负任何责任，所以听到你的抱怨，只能是一笑而过。比如，你不小心把文档删除了，你开始自我抱怨起来，并为自己的错误找借口："都怪今早起得太早了，为什么要规定八点钟一定要到公司？如果我多睡一会儿就能清醒地知道这个文档是不能删除的……"

当你说这些的时候，其他同事会认为你很吵，很娇气，很无礼，而你并不能从你的抱怨中得到解决办法，说不定还会遭到几个白眼。但是，如果你选择躲在洗手间里抱怨，不让任何人听到，效果就不一样了。因为你的这种抱怨是在自我发泄，发泄完了，情绪也就稳定了。你没有任何抱怨对象，所以也不存在希望谁为你的错误而买单。这就是抱怨的艺术。

2. 抱怨别没了"心"

抱怨是什么？我们需要理解这个词，抱怨是内心潜在的一种诉求，它的特点是真实、透明，失去了这两个条件的，都不叫抱怨。在这两个条件的基础上，我们可以这么理解抱怨，抱怨是人们在一瞬间内心最真实的反应，是不受束缚的，也不会为任何外在因素所干扰，它发生的那一刻，几乎没有理智。但是，人不是孤立的个体，是离不开群体生活的集体主义者。所以，不管谁，抱怨过后，总会顾虑外在的影响，比如礼仪、道德、价值观的体现等因素，也就是心。失去了心的抱怨，只能说是毫无顾忌地发泄，而我们这里是人类社会，我们需要的是一种更加科学的“毫无顾忌地发泄”，也就是带着“心”去抱怨，有目的地抱怨。事实上，没有人“野兽”般地抱怨，或多或少都是带着点儿“心”进行抱怨，区别在于抱怨者带的“心”有多少。

大家知道什么叫怨妇吗？就是不停抱怨的妇女。她们其实也是带着“心”去抱怨的，她们希望家庭关系更加和谐，希望丈夫、孩子更加快乐。当现实跟她的预期不一致的时候，她就会发出抱怨，而有的人完全失去理智地抱怨，是她们带着的“心”少了。

我在一则新闻上看到，日本是全世界自杀率最高的国家，从 1999 年开始，日本每年因自杀身亡的人数超过 3 万，2003 年更是达到历史的最高峰：34 427 人，而且仍呈上升的趋势。对此，我大为震惊，为什么会有这么高的自杀率？

查阅了大量资料后，我分析发现最靠谱的原因有三个：

1. 为了责任而自杀。在日本传统文化中，自杀是一种对失败负责的行为，一种谢罪的形式。

2.网络传播，造成集体自杀的行为。在日本，一些极端的自杀网站里，充斥着“你想自杀吗”“自杀无罪”“你有权利自杀”等字眼，鼓励人们自杀。

3. 提醒效应引起了人们对自杀的“欲望”。针对自杀这一社会顽疾，日本政府采取了一些措施，试图控制居高不下的国民自杀率，如要求建筑设计师在对楼房进行设计时，要尽量使轻生者找不到跳楼自杀的地方；在一些铁路车站特地加设了镜子，想让轻生者在镜子里看到自己的身影后打消寻死的念头等。日本的这些政府干预行为，让我想起了“罗密欧与朱丽叶效应”，当一个人想要做某件事时，别人越是干涉，他想做这件事的决心越大。于是，本来还不坚定自杀信念的人，在看到这些提示的时候，果断选择自杀了。

我们来看看日本自杀率居高不下的三个因素，它们有个共同的特点，即自杀者有了自杀的动机（抱怨的一种形式），而后被无数次提醒不要自杀，结果经过“心”的过滤，然后变得不理智，情绪被“心”激发，最后变成了“无心”，到达“无心”的境界，自杀欲望升级了，失去理智了，自杀就是自然而然的事情了。

其实，生活中的抱怨也是如此，如果失去了“心”，就失去了理智，任情绪随意升级，最后迸发出类似野兽（没有情感意识的动物）的行为，势必会伤害他人，伤害自己。

在我身边也有过“无心”的抱怨者，他们的抱怨往往具有一定的破坏力，完全失去了理智，最后伤及无辜。对于抱怨者来说，这些都已经不重要了，重要的是他如何瞬间发泄他内心的不满，本能地不计后果地爆发。

上大学时，一个女生在宿舍楼上想要跳楼，很多人围观，警察也在不停安抚她，有个警察问她：“同学，你有什么想不开的？你下来我们再慢慢聊，没有什么解不开的结。”

此时，这位同学异常激动，她哭着喊道：“我要死，谁也拦不住我，这个世界已经让我彻底失望了，为什么所有的男人都一个德行？我哪里对不住他，为什么非得这么对待我？”

很明显，欲跳楼的这位女同学在抱怨她的情感，抱怨她的男友，但是她的抱怨方式过于极端，用跳楼这种行为来解决心中的不快。没多久，这女同学的男友来到楼底，哭着说：“你下来吧，当下的任务是好好学习，别想这么多……”

这位女同学听到这句，似乎更加激动了，哭着说：“学习，学习，我要学习干吗，你都不要我了，未来还有什么意义，学习还有什么意义……”

好吧，我们不得不承认，人一激动起来，脑袋是不理智的，此刻这位女同学已经没有心了，失去了用心去构思未来、用心去分析当下的能力。说着她一跃而下，幸好，底下早已被警察铺上充气垫，女同学没有受伤，但是估计她这一段时间得去看心理医生了，直到心理医生把她的心找回来，她才能学会理智分析事情，理智看待她所抱怨的事情。

抱怨没有了“心”，会在感性的基础上完全失去理智，成为一种可怕的心理疾病。假如前面要跳楼的那位女同学懂得用心去抱怨，她一定能很好地处理她的情感问题。比如，她可以打电话去跟她的男友抱怨，说出自己的心里话，如果真的无法再相爱，她可以通过其他方式去释放“失恋”的无奈，有人选择自己安静地待一段时间，有人选择去远方旅行一段时间，有人选择把全部精力都放在学习、工作上……其实这些都属于抱怨的一种类型，就是把内心的不悦释放出去，重新找到人生的方向。

总之，一个失去了“心”的人，抱怨起来会不顾一切地顺从内心的感受，想死也就真的去死了，想杀人也就真的去杀人了，他们失去了控制情绪的能力。所以，抱怨的时候，我们多少要保留一点心，让心去控制情绪，把该抱怨的抱怨出来，把不该做的事控制住，这样才能达到有效抱怨的目的。

3. 你是在抱怨别人还是你自己

抱怨是讲究技巧的，乱抱怨只能使事情变得更糟糕。如果你没搞清楚抱怨的对象，你有可能因为抱怨而惹麻烦。为了更加深入地了解“跟谁抱怨”的问题，我曾经在公司做过这么一个小实验，当工作太累的时候，会有同事不由自主地抱怨道：“哎，这鬼工作，以后再也不这么安排事情了，累死人了。”

这时我会上前问抱怨的同事：“你是在抱怨你自己，还是在抱怨工作？”

此时，你会发现一个很怪异的现象，当抱怨的同事听到我这么问的时候，或多或少都会停顿几秒，然后吞吞吐吐地回答“抱怨自己”或者“抱怨工作”。这一现象说明了一个问题，很多人在抱怨之时并不清楚自己在向谁抱怨。

有一个女人开的车抛锚了，停在路当中，发动不起来了。后面的一辆车等得不耐烦了，于是拼命按喇叭，那个女人下车，走到后面那辆车旁，对驾驶员说：“如果您不介意的话，我们换个位置好吗？您到我的车上去帮我发动，我在您的车上帮您按喇叭。”

结果按喇叭那位驾驶员说：“我按喇叭不是在催你，我是在抱怨自己为什么偏要选择这条道。”

好吧，既然不是在抱怨前面的车挡住了他的去路，女驾驶员也没什么可说的，于是回去继续发动她的车，可是，后面的那位驾驶员继续按喇叭，女驾驶员一刻也受不了了，她气急败坏地走到后面的车前，叉起腰，骂道："你既然不是在抱怨我，老按这个喇叭有意思吗？"

按喇叭那位驾驶员说："既然你也知道我不是在抱怨你，你为何还感到生气？"

此时，女驾驶员有些无奈，更想不明白，内心这么问自己："对啊，他爱怎么按就怎么按呗，不就是喇叭的声音吗？我干吗生气？它又不咬我。但是我的确生气了，这到底是怎么回事？"

朋友们，这到底是怎么回事呢？其实这是抱怨对象的误会，有很多事是习惯上的认知，认为某些行为就是在挑衅，比如，对着你竖拇指，表示赞扬你，而对着你倒过拇指，表示看不起你，这是人类生活中所认可的习惯性行为，我们已经习惯了这些行为代表的意思。

回到刚才的故事，女驾驶员听到后面车辆的喇叭按个不停，就下意识地认为后面的人在催她，这也是社会认知习惯的一种，即便对方如何解释不是在抱怨她，不是在催她，女驾驶员还会感到不高兴。

很明显，后面那位驾驶员把抱怨对象搞错了，抱怨的方式也错了。当我们抱怨的时候，要看清楚，我们到底要抱怨谁？或者当你遇到别人的抱怨时，你要积极分析，对方是在抱怨你还是在抱怨他自己。这点非常重要。

有位超市售货员，他正在整理货架上的商品，看得出他已经很累了，满头大汗，货架上的商品有时还会掉下来，所以他在整理的时候必须非常小心才行，就在这时，一个老奶奶在他身后问道："小伙子，洗衣粉放在哪里啊？"售货员正专心整理货架，被老奶奶突然这一问吓了一跳，把一瓶洗发水弄掉了，正好砸到自己的脚上，他看了一眼老奶奶，然后自言自语地说："真他妈倒霉。"

这时，这位老奶奶生气了，她揪住售货员的衣服说："你给我说清楚，你为什么要骂我，我这么大年纪了，你怎么能开口就骂我……"

老奶奶与售货员的争执引来了围观者，超市负责人也赶来了，超市负责人当然要责问售货员怎么回事，售货员解释说："我不是在骂她，我只是在抱怨自己怎么这么倒霉，洗发水掉下来砸到我的脚，并非要骂这位老奶奶。"

这话让老奶奶听了很不舒服，感觉售货员是在狡辩，于是说："不是，你的确骂我了，你看了我一眼，然后才说的那句话。"

售货员说："那刚好是洗发水掉下来砸到我那一刻，我不由自主说的，是因为当时我太疼了！"

老奶奶："我不管你是什么原因，你骂了我，你就得道歉。"

事情发展到这个地步，售货员自然觉得他很冤枉，却不知道如何说清楚他的冤枉。的确，售货员的确没有要骂老奶奶的意思，只是当时一时的痛，让他不由自主地抱怨起来而已。但是，要是站在老奶奶的立场，都会认为售货员是针对老奶奶的。最后，售货员只好跟老奶奶道歉。

这是典型的不知道自己在跟谁抱怨的案例。如果售货员在抱怨之前，想想当时所处的境况，他就会选用另外的方式进行抱怨，比如拿起洗发水，对着洗发水叫道："啊，你砸死我啦。"或者也可以对着老奶奶说："啊，你吓死我了。"但是他偏偏选择了自言自语，才被老奶奶误解为骂人，要道歉才可以了结。而他这种情况完全是因为他不注意抱怨对象。

其实，很多人在抱怨的时候都不知道自己是在对谁抱怨，只知道抱怨后内心会舒服点。比如在网络上，很多人就找到了抱怨的乐趣。各种论坛，骂战层出不穷，而且往往会因为这些骂战引起全社会关注的话题。这些网站提供留言板和讨论区，以供网友得到满意的回复。实际上，这些网站所产生的效果只是煽风点火，只提供抱怨，不管你是抱怨他人还是自我抱怨，只要能引起口水战就好，这符合网站的利益，却让很多人盲目地浪费了时间，甚至引起误解。

很多明星常常抱怨，说狗仔队误会了他们，给他们的生活带来多么大的不便。其实，这些误会正是没有明确抱怨对象所引起的。比如，某明星被一名网友这么骂道："一张马一样的脸，出来吓唬观众，怎么对得起人们给你的收视率？"

这时，这位马脸明星开始反击网站，说网站诋毁了他，或者反击网友，说网友诋毁了他，而这位网友根本不知道明星会反击他，更不记得自己曾说过这样的话。这是为什么呢？

因为网友留言只是图一时的痛快，说完就发泄完了，随后又回到自己的生活，所以不曾记得自己有说过这么一段话。那么那个明星为何把这个当真了呢？因为明星不知道网友的抱怨对象不是他，而是网友自己。这些抱怨的网友其实并不想针对明星，并且觉得明星距离他这么遥远，也没想过把抱怨内容让明星看到，只是借明星的事件来发泄自己的情绪而已，所以很多明星经常会这么安慰自己："这是一个娱乐的社会，不给人娱乐就不要当明星。"这句话是正确的，证明这些明星理解了"抱怨对象"的含义。

请允许我解释一下，这种煽风点火指的是那些充满了恶意或辱骂的在线留言，无论是留言板上的留言还是电子邮件，这些内容通常都是由胸中升腾着怒意的人留下来的，满是愤愤之词。

然而，如今，这些怒火中烧的人，已经不再满足于发发愤怒的邮件，留些恶毒的言论。很多人开始不惜付出金钱，通过日新月异的网络手段，千方百计，只是为了表达他们对那惹怒了他们的公司的不满。实际上，这样的“黑暗情绪网站”数量众多。2005年，福布斯杂志曾经有一篇名为“顶级恨意网站”的报道，其中公布的名单包含了一些致力于中伤类似微软、全美快递等众多行业优秀企业的网站。

从心理学角度上讲，这些谴责并不是顾客的愤怒情绪正确、有益的表达方式。起初，我觉得这些网站上的抱怨只是一些无知的消费者关于公司无良心的夸大其词和传言，但是最后的真相却出乎我的意料。我读到的很多抱怨，令人印象深刻的是言辞中的怨气，而看不到这些抱怨者本身的无知。实际上，大多数都不过是“妈的，我被宰了”或是“恶心，我没收到手机消费清单”之类的抱怨。所以，网友的抱怨根本可以忽略，却能看出整个社会中人的基本心理特征，这点可以作为研究之用。

当然，网友在抱怨的时候，也要认清自己抱怨的对象是谁，别以为自己抱怨的就是明星，其实你是在抱怨自己，这么多网友，明星也没法每条信息都看完，所以没法看到你的抱怨也是正常的。如果某网友真的当真，他每天期待自己的留言被明星反击，那么这位网友真的要疯了。但是，还好，现在看来，大部分网友不会真的把在网上留言当成自己的职业，只是玩玩而已，发泄完就完了。

总之，不管你抱怨的目的是什么，抱怨之前你要知道自己在跟谁抱怨，只有知道了这点，你才能更好地使用抱怨这种艺术，不至于在抱怨的时候让自己疯掉或者让他人误会你。

4. 嘘，千万别抱怨你的怀才不遇

现在的中国社会已经进入了经济高速发展的阶段，很多社会现象让人摸不着头脑——这社会到底怎么了？比如，有人明明觉得自己很厉害，为什么自己却一直没成功？而有些人从没觉得自己多厉害，不知不觉地就变成了光宗耀祖的人物。这是为什么？因为这是一个容易怀才不遇的社会。

从 2008 年奥运会开始，中国开始流行这么一个词——潜力股。什么叫潜力股呢？就是现在什么都没有，但是他具备以后什么都有的潜力的这么一种人。所以，如果是被人叫做潜力股的人，一般他现在什么都没有，但是他很自信，在未来的某个时刻，他就会什么都有。所以，也有很多女孩喜欢找潜力股做男友。一来可以不用背负“巴结高富帅”的骂名，二来可以在将来跟人吹嘘：“我跟我老公是白手起家的，我支持我老公做事业。”

有一种男人，无钱无权无事业，唯一有的就是雄心壮志，二十岁如此，三十岁如此，四十岁仍然如此。虽然这样，但他丝毫不觉得有什么不好，反倒是一副“我笑他人看不穿”的清高姿态，坚持认为自己身怀绝技，只是没有遇到伯乐，一旦哪一天碰上了，不整个天翻地覆，枉对“英雄”二字。于是乎每天做蓄势待发状，只等有人点把火，自己化身成火箭一飞冲天，这就是传说中的怀才不遇男。

怀才不遇男在事业上虽然比较失败，但在爱情上却是颇得女人赏识的。因为他总是觉得自己很有才华，而且做事有一定的套路，慢慢地你也就觉得他确实很有前途了，这也属于“潜力股”的一种。平凡女子大多爱把“潜力股”作为找男人的标准。有一定形状但尚未完全成型，可能成也可能不成，但看上去能成的希望很大。判断一个男人是不是“潜力股”，没有什么具体的标准，就看女人的鉴赏能力了。一些女人认为极品男人大都不属于自己，于是找支“潜力股”就成了她们的首选。在“潜力股”里面，怀才不遇的男人时常能让女人隐约看见希望的曙光，所以女人们很自然地把感情投资到这些男人身上。

怀才不遇男是一个可口的诱饵，时时吊着女人的心。你说他不行吧，他每天壮志雄心，跃跃欲试，让你觉得他随时有可能一夜蜕变，驾着七彩祥云来迎娶你；你说他行吧，他整天无所事事，而且一晃就是多少年，每天的饭钱还得从你手里抠。这就是他们最诡异的地方了．一方面，看似境况凄凉，穷途末路，另一方面，却又让你感觉一层窗户纸下面即是万丈光芒。于是女人们乱了方寸，离开还是等待？这是个问题。

反复权衡之后，大多数女人还是选择了继续等待。因为怀才不遇男虽然没成型，但总比一点儿希望没有的好啊。甩手另找的话，一是这几年大好青春白白浪费了，二是找起来也比较费劲，三是即使找到也未必就比眼前这个强，于是眼一闭，心一横：死活就他了。

这就是女人不明智的地方了。怀才不遇的男人，二十岁不遇，三十岁仍然不遇，四十岁的时候顶多遇个外遇。因为怀才不遇的称号不是别人给的，只不过是他们给予自己的一种定位，先自我欺骗，再欺骗你，究竟是不是真的怀了才，还真不好说。当然也有例外，比如姜子牙，人家八十岁了还只能钓鱼，八十岁之后照样有出头之日。不过一个女人一辈子苦候一个男人至八十岁才见了天日，也真够命苦的，难怪姜子牙的老婆性情如此暴躁，换了别人估计也一样。

确切地讲，一个怀才不遇的男人还不如一个老实本分、看起来没什么理想的男人。因为对于一个平常的男人，好女人通过自己的努力是可以改造他的，他就是一张白纸，你可以尽情挥洒；而怀才不遇男就完全不吃这一套了，你改造我，你凭什么？我内部已经完全成型了，就等遇见伯乐驰骋千里了，你给我改造了还行？他们坚持自我，坚持认为无法适应社会不是自己的错，认为社会应该适应他，所以他宁愿继续“怀着才”，厚着脸皮让女人接济生活，也不愿意对现状做出一丁点儿改动。这样的男人日子久了，就成了死猪，不怕开水烫了。

怀才不遇的男人可能到死也不肯相信自己在未来的生活中什么都遇不到，但作为一个女人，你一定要相信这一点。如果这个男人怀了一辈子的才，那你就是世界上最不幸的女人。为什么呢？因为怀才不遇只是对自身状况不满的一种抱怨现象，他越是说自己多么的不幸，竟然没有遇到赏识他的人，就代表他的抱怨心态越是强烈，他抱怨社会，但是社会没有具体的人供他抱怨。这种抱怨，只能促使自己不去努力，不是一种科学的抱怨方式。

在职场上，最怕的就是遇到怀才不遇的人，这种人老觉得自己很牛，但是一次成功的案例都没有。如果你是老板，你同情这样的怀才不遇者，大胆破格起用他，那你的选择就错了。你是否思考过这类人自身的问题？这些“怀才”者之所以“不遇”，究其根源在于自身有缺陷，这些缺陷往往是被人们忽略了的，更有甚者把它当作自己的资本来炫耀。

一位姓李的老总向我讲了一个他最近经历的事情，说到激动处，他甚至有些语无伦次。

李总在一次私人聚会上认识了一位在国企 IT 部门上班、已年过 40 的名校毕业生，经过一段时间的沟通了解，李总发现此人很有能力，尤其对计算机非常精通，从对话中也感觉不出此人有什么问题。后又进一步了解到，此人虽然调动过两次工作，但在 20 余年的职业生涯中，几乎没有做过任何管理工作，也没有被委任过任何重要工作，一直是普普通通的杂工。再深入沟通了解，李总又发现，这位“才子”几乎对单位的每一位领导和他的每一级领导都不认同，而且看不起任何一位同事，认为他们都是草包，只有自己是人才……总之，感叹自己怀才不遇。

李总认为这位有才之士发挥不出才能可能是机制的原因，所以就想用一下这位怀才不遇者，于是便和他沟通，准备让其做一些具体工作。随后，李总发现这位怀才不遇者思路敏捷清晰，并且做了一整套工作规划，还附带有时间进度表，非常专业，此时李总感觉此人真是位难得的人才！可惜过去 20 多年被埋没了！李总打算把此人招到自己的企业来，但又考虑到他对上司和同事的一贯看法，怕他与周围同事发生矛盾，于是就决定让他兼职，独立开发一套对企业来说不是十分紧迫但比较重要的数据库系统。同时李总也让他提条件和待遇，出乎意料的是，这位怀才不遇者以事业为重，坦言能用上自己的才能，比什么都重要，提的待遇要求非常低，但是李总还是给了他很高的待遇。

初期阶段，工作进展迅速，李总十分高兴。随着往纵深推进，速度渐渐慢下来了，这位怀才不遇者开始推托工作忙，顾不过来，这与当初他说的整天闲着无事自相矛盾。李总追问、催促也不起作用，他的工作速度越来越慢，按最初设定的工作进度，一个月应该做完的一期工作，三个月过去了，还没有完成一半。半年过去了，第一期工作就是迟迟完不了。李总再继续追问时，这位怀才不遇者就提出了一些远远不只是个人待遇的问题，如借口设计系统的需要，坚决要求配备最先进的设备。粗算下来，他提出的各种设备要求（这与当初谈定的不需要配置任何设备的条款相矛盾）费用相当高。李总不情愿，于是就陆续给出了三四套替代方案，但被这位怀才不遇者一一否决，有的方案他虽不表示反对，然而在尝试的过程中，他让此方案付出了更高的代价，于是又不得不回到他提出的方案。无奈之下，李总把这位怀才不遇者提出的购置设备的方案分成三步走，第一步先满足部分要求，先出个结果看看，然后再推进后两步。

第一步实施后，李总担心的事情很快发生了，由此设备派生出的费用清单很快便呈现出来！李总一想，照此发展下去，一年的派生费用要远远高于设备本身的费用，真是“买得起马，置不起鞍”。而此时，已经过去八九个月了，一个月应完成的数据库系统，第一期工作仍没有任何结果。因为没有设计任何输出埠，最初双方谈定，应该把密码告知李总，然而，他自始至终找各种借口搪塞，就是不吐一字。

最后，李总决定不再理会此事，也实在没有时间，心想看你什么时候完成？又过了三个月，这位怀才不遇的先生连一个电话都没有给李总打，前期提供的设备所能够完成的设计工作也没有任何进展，李总决定就此放弃这套设计系统。

就这样前前后后折腾了一年多，钱花了不少，没有干成任何事情。李总自嘲：“这项数据库系统设计如果完成，将是世界上最昂贵的系统，比市场价格贵出不知多少倍。我算是被这位怀才不遇者套住了，我还是尽快止损，让他套点利算了。”

同时，李总庆幸：“幸亏当初没有把此人正式调过来，要不然还要付出更多的成本。”

这个案例告诉了我们一个现实，怀才不遇的人的抱怨只是一种自我安慰，并没有把抱怨转化成行动或者某种赋予自己行动的力量。当然，怀才不遇者更多的是源于不自信，如果你是怀才不遇者，应该从这一刻开始，放下你的抱怨，踏踏实实地去做一些你该做的事，等待或者抱怨并不能让你变得更强。

5. 自信的人生永远充满希望

自信是一种复杂的心理状态，20世纪80年代，各种书籍、电视节目、名人政客都开始吹捧懂得自尊的人，因为懂得自尊的人一定有强大的力量，自信的强度也会比别人强。人们认为具有高度自尊心能提高孩子的学习成绩、减少少女怀孕率、减少犯罪和帮派暴力。于是人们花了几百万来打造“自尊工程”，在流行文化中，自尊变成了整体心理健康的同义词，尽管它们有着完全不同的意义。文化人骂人，往往是：“你到底懂不懂得什么叫自尊？这种事你也去干……”因为文化人一致认为，有自尊心的人，自信非凡。

好吧，我们先说说自信是什么，又是如何被我们的抱怨行为影响的？自信指的是我们对待自我的一般和具体的积极态度。

例如，一支高中足球队中的一位球员文化课不甚理想，他在这方面会显得很不自信，不自信的心理便是不敢去有所作为，不敢表现。这是不自信所带来的一连串反应。

有些人可以通过自尊心来调节自己的自信心，比如，当那位球员对文化课不够自信，但他的总体自尊感和总体自我价值感却都非常高，他觉得他的球技不错，这是他值得自豪的一方面，他把这一方面当作他整个人的价值体现，于是他整个人都自信了。

再比如，某个自我价值感很低的人，虽然在厨艺方面表现很好，但是他不喜欢厨师这一行当，他并不把厨艺当作自己的价值体现，所以他的整体自信心会随之降低。另外，如果一个厨艺很差的人很喜欢下厨，他在厨艺比赛中得了很低的名次，他会因此感觉自己的人生毫无价值，于是自信心也会随之降低。

所以，判断一个人的自信心是否高涨，并不能简单地用成绩来衡量，这涉及个人的价值观、兴趣爱好等因素。

抱怨是不自信的一种表现，但是不敢抱怨也是不自信的一种表现。我们先说抱怨是不自信的表现。有些人，他之所以抱怨，是因为自己不敢去尝试，于是会找一个办法来安慰自己（这种行为不是刻意而为的，而是潜在惯性行为）。比如，我有位同事每天早上来到公司都会抱怨一句“哎，今天又有新的内容，烦。”这一句抱怨让人联想到，这位同事一直处于被动接受任务的状态，他的每一天都在不自信中度过，完成了一天的任务，对第二天新的任务有潜在的危机感，于是早上来到公司想到的便是这一天新的任务，他不确定今天是不是能顺利完成任务，所以不自觉地发出了这样的抱怨。但是，长期这么压抑地工作，会让一个人处于高度紧张状态，到达一定程度，就会土崩瓦解。果然不出所料，这位同事在公司待了一年后，他再也不这么抱怨了，换来的一句话是：“哎，真的不想干了。”这种抱怨出现得越来越频繁，后来他真的辞职了。

另外一种是不抱怨也是不自信的表现。一位女同事刚毕业就进入公司，叫梁姗姗。梁姗姗第一天到公司就显得很安静，很少说话，甚至感觉到她在公司说出一句话都需要很大的勇气。

有一次，我们部门需要集体加班。要知道，遇到加班这种事，谁都会抱怨一两句，有同事干脆从行为上变得懒惰，玩起游戏来，以此来抱怨对于加班的无奈，有的同事三三两两去休息室抽烟，一起抱怨加班。梁姗姗则不一样，她默默地坐在计算机前，看着计算机屏幕，什么事也没做，这种不抱怨、不做事的行为让我感到奇怪。

我问梁姗姗：“你不觉得加班烦吗？”

梁姗姗抬头看了我一眼，没有说话，笑了笑表示对我的话的漠然，我跟她说：“走，出去跟大家聊聊吧，一个人待着多无聊啊。”

这时，梁姗姗竟然哇的一声哭了出来，叫道：“我不想干了，我要辞职。”

这个时候，所有的同事都觉得莫名其妙，为什么平常好好的梁姗姗会突然发出这样的声音？

后来，公司有一次关于心理类的培训，心理咨询师解析了梁姗姗这种现象，这其实是一种不自信的表现，她感受到工作的艰辛，但是更加觉得自己对工作没有把控的能力，于是不敢跟其他同事一起抱怨工作。因为她觉得自己都不会做这个工作，哪还有资格抱怨辛苦？其他人觉得辛苦，是别人都会做了，累了就抱怨，也没有人敢看不起。于是梁姗姗选择把自己的不悦藏在心里，怕别人知道，更怕别人知道她不会做这份工作，藏在心里久了，她终于有一天受不了了，一下爆发出来了，于是出现了她要辞职的那一幕。

有效抱怨可以成为一种强大的疗法，它只需要用意志和技巧去赢得结果。但是梁姗姗的意志和决心都已经消磨殆尽，所以她连抱怨都不敢，这是不自信的表现。

塞利格曼的积极心理学理论中有一个重要观点：识别“个性优势”的重要性。“个性优势”是指我们每个人身上的独特之处，我们与之紧密联系，它们也会让我们充满成就感。“个性优势”通常是一些稳定的长处，是我们可以通过练习不断提高的个人特长。勇气、毅力、诚实、和善，这些都是“个性优势”。塞利格曼认为人们应该识别出最适合自己个性的特长，然后尽可能在生活中多多利用它们。想要体验真正的快乐，这样做很重要，因为快乐能让人找到自信，而让人快乐的其中一个因素便是发泄不快乐的内心。

习得性无助的研究表明，面对无助时，并不是所有人都会陷入抑郁，自信心下降。反之，在有效抱怨之后，也不是所有人都会提升自信。但是，我想会有人这么问我，抱怨不一定自信，不抱怨也不一定自信，到底我们该如何去抱怨？要想利用抱怨去取得自信，其实是一种走钢丝式的心理体验，失败了后果严重，成功了将受益匪浅。

其实，抱怨的方式是最重要的，首先要做的是正视自己，不要不敢抱怨，不然你会像梁姗姗那样，憋太久了，总有一天会崩溃。另外，抱怨的人当然也不能极端抱怨，不然就是不自信了，不卑不亢，才是自信的标准。

只一味地用抱怨来安慰自己的无能，也是不自信的表现，在现实生活中会不堪一击。

我发现一个道理，在生活与工作中，懂得使用积极的暗示，可以让事情更美好，内心充满自信。什么叫积极的暗示呢？抱怨就是一种积极的暗示，暗示工作节奏要跟得上你的内心渴望，当然，这里说的是积极的抱怨，并非无端的抱怨或者极端的抱怨。而习惯使用消极的暗示，往往会把事情弄糟。比如，有的女孩老是觉得“人家不喜欢我”，于是开始抱怨自己不漂亮，到头来发现，大家果然不再喜欢她了。因为她总是这样暗示自己，大脑的意识就停留在她那些不好的方面，她的行为就难以逃出这些不好的方面。这就属于消极的抱怨。

还有的人老是觉得自己的工作做得不好，能力差，到头来，他真的差了，因为这样的暗示令他减少了努力尝试的机会。“一个总暗示自己失败的人，就会失败。”而在管理工作中，使用积极的暗示，通过鼓励和赞美下属做得好的部分，暗示下属能把其余部分也做得像好的部分一样，既表达了对下属的肯定，又提出了工作要求，比批评、惩罚、威胁等消极暗示的效果强得多。

现在很多励志书都在强调如何去增强自己的自信心，并强调自信心对生活的影响有多大，这些都是对的。但是有一点却是大家没提到的，那就是自信很容易变成自负，这点跟抱怨的方式也有很大的联系。一个人抱怨得多了，而别人也倾听了他的抱怨，他处于优越感当中，就容易忘记自己的不足，能力会因此下降，而他自己却不知道自己的能力已经下降了。于是在接到一些超出自己实际能力的任务时，会自以为是地认为自己可以，最后却失败了，这就是自负。

总之，自信的人生永远充满希望，而懂得抱怨的人永远都会使自己充满自信。

小测验

心理压力测试——你的抱怨能力及格了吗?

这是一个高速运转的社会，特别是如今房价居高不下，一个月的薪水都不足以买一平方米的房子。都市白领生活并没有表面那么风光，工作、生活的压力接踵而来，面对生活，那些看似坚强的人也无可奈何、无能为力，所以只好通过抱怨来缓解压力，以求更好地应对生活。那么，下面我们来测试一下，你的抱怨能力及格了没有。

假如你在参加考试，坐在邻座的考生问你答案，你会怎么做?

A. 完全不理会对方的请求

B. 直接告诉对方自己不会

C. 立即给对方一份答案

D. 说抱歉，直接回绝对方

测验结果：

A. 你是一个简单而直接的人，职场中复杂的人际关系常常让你喘不过气，虽然你只是想要一个能够安心工作、好好学习的地方，但往往事与愿违。你完全没有掌握抱怨形式的运用，用沉默去应对，会使人际关系越来越紧张。

你总是无端被卷入职场风波中，所以你的压力更多的来自人际关系。如果真的不开心，那就重新审视一下你的抱怨方式吧。

B. 你是一个志存高远、目标远大的人，总觉得自己是一个不平凡的人，因此你对工作和生活寄予了厚望，但梦想与现实总是存在着巨大的差异，工作上的不被赏识常常让你郁闷至极。你用简单粗暴的方式表现出自己的苦闷，但是对方并不理解你，所以你的抱怨方式是错误的。

如果你果断一些，给自己放一个长假，多接触一些人，多经历一些事，你终会明白，你的抱怨要更全面、更科学才行。

C. 你是一个热爱生活、享受生活的人，但忙碌的工作总是让你无可奈何，久而久之，你对工作有了怠惰心理，有时甚至显得力不从心。

这是为什么？因为你选择了不抱怨、不抵抗，最后周围的麻烦事会越来越多，你终于抵挡不住了。所以，你不是不会抱怨，而是你根本就否定了抱怨的作用，选择了不抱怨，长期的挤压，你脆弱的内心肯定会受不了的。

让自己开心点，尝试着拒绝他人，并让对方接受你的拒绝，要学会利用抱怨这门艺术。

D. 你是一个喜欢隐忍、比较内向的人，即使遭遇压力，你也不喜欢用过于激烈的方式排遣。当然，你也是一个抱怨高手，在抱怨的同时，你传递了你的无奈，让对方理解了你，这样的抱怨方式是合格的。

第三章

7大实用抱怨法则，助你拆穿艰难人生

你觉得人生是那么的艰难，我理解，因为每个人都认为自己活得艰难。有什么办法能让你觉得活得轻松些呢？为此，在这里为大家总结出了7大抱怨的法则，在生活中如能积极运用，能有效拆穿你艰难的人生，因为有时候人生并不艰难，艰难的只是自己的心而已。用抱怨的形式去改变心态，会是一种全新的改变自我的方式。

法则1　权衡轻重，把握尺度

2003年，格莱格·伊斯特布鲁克出版了一本书叫《进步的矛盾》，这本书指出，过去的一个世纪，人们的生活变得更美好、更舒适了，但大多数人却更不快乐了。我们的期望值急剧上升，令我们更容易感受到失望和挫折，最终抱怨个没完没了。而且，我们的生活也变得愈发复杂了，我们面临着过去不会有的五花八门的失败和懊恼。所以，我敢肯定的是，以后还会有各种抱怨产生，你别想着说服别人，让别人不抱怨，也别想说服自己让自己别抱怨。唯一能做的是学会有效的抱怨，这样你才能更好地生活。

不难发现，很多人不会运用抱怨，往往矛盾出现的时候才突然意识到，自己在某件事情上的反应是不是太过激烈了，或者想不明白对方为什么会有这么大的反应。但是，没办法，人们还是那么喜欢抱怨，好吧，喜欢抱怨干吗不去抱怨，这是被允许的，但是抱怨往往会使事情变坏，那是因为抱怨的轻重尺度没把握好。

好吧，那么我们先从事情的轻重说起，判断出一件事的轻重，才能使用适当的抱怨方式，不是吗？

1. 这件事轻了还是重了

很多人判断一件事的轻重，往往从情绪被影响的程度来判断。这样判断的特点是事件越大，人的情绪越是紧张。我举个例子，一个人在超市买了10元钱的鸡蛋，走到半路因为接电话摔了一跤，把鸡蛋摔烂了，顿时很生气，于是开始大骂："真他妈倒霉，今天怎么什么事都这么背！"回到家，跟他的妻子因为鸡蛋的事吵了起来，妻子觉得丈夫真是蠢到家了，而丈夫埋怨妻子打电话催他早点回家，使他在回家的路上走太快，导致他摔倒，损失了10元钱的鸡蛋。

几天后，这个人又遇到了一件倒霉的事，他生病了，医生诊断为流行性感冒，医药费为63元。很奇怪，损失这么大，这个倒霉的人竟然不生气，也没抱怨妻子什么，明明是他妻子忘记关窗户导致他感冒的，而妻子也没抱怨丈夫感冒花去了这么多钱。这是为什么呢？好像他们失去了对事情轻重程度的判断力。

实际上，他们并没有失去判断事情轻重程度的能力，如果用理智去判断，他们知道哪个轻、哪个重。但是为什么摔烂了10元钱的鸡蛋竟然使夫妻俩吵起来，生病花掉了63元钱却什么事都没有呢？

我们先来看看什么叫情绪。情绪，是人各种感觉、思想和行为的一种综合的心理和生理状态，是对外界刺激所产生的心理反应，以及附带的生理反应，如喜、怒、哀、乐等。情绪是个人的主观体验和感受，常跟心情、气质、性格和性情有关。补充定义：物质在受限范围内运动，以体现思维变化的表现形式，思维通过肉体活动产生的视觉信号、声音信号、触觉信号等所有信息的统称。

我们注意到，在情绪的补充定义里，心理研究家是这么定义的：肉体活动产生的视觉信号、触觉信号等所有信息的统称。从这句话里，我们看到情绪的产生充满了“体验感”，没有体验，就不会产生激烈的情绪，靠想象得出的情绪，会比直接体验得出的情绪弱。

我举个例子，你慢慢感觉到你的脚有问题，你不会因此而感到特别的激动，但是如果突然你的脚有问题了，问题程度跟“慢慢感觉到你的脚有问题”的程度一样大，你会情绪激动，不知所措，你会急于找解决的方案，拿冰块冰镇或者着急去看医生。情绪的产生就是这个道理。

分析了情绪这个东西，我们来说说人对事情的轻重的判断就形象多了，一句话，同样程度的事情，如果是直接体验，会激烈地爆发，如果是间接或者缓慢体验到的事情，那么情绪会弱一些。

现在我们来研究如何判断一件事情的轻与重。我有一位同学叫郝建斌，他收藏了两把小提琴，这两把小提琴的价格一样，型号和品牌都一样。有一天郝建斌发现琴上有被虫蛀的痕迹，可他并没有放在心上，认为只有一点点，不碍事。被虫蛀的小提琴一天天腐烂，最后只能扔掉，但是郝建斌平静地接受了这件事情，只是感到惋惜而已。然而，有一天，他的另外一把小提琴从高高的书架上掉下来，摔坏了好几处，直接报废了，郝建斌伤心极了，抱着面目全非的小提琴痛哭起来。

我们看到，郝建斌对之前被虫蛀的小提琴只是惋惜一下而已，过后就没事了，而对于自己亲手摔碎的小提琴，却痛哭起来，伤心的程度远远比对之前损失的那把被虫蛀的小提琴深。为什么呢？因为他亲身体验了小提琴摔坏的过程，所以他更加伤心。而之前被虫蛀的小提琴，是一天天慢慢被虫蛀的，郝建斌并没有亲身体验这把小提琴被毁坏的过程，所以他并没有那么伤心。

事情发展到这里，郝建斌的内心始终认为，自己摔坏小提琴这件事比小提琴被虫子蛀坏更严重。但事实上，这两把小提琴是一样的，他对这两把小提琴的喜爱程度也是一样的，它们一样是损坏了，不能用了。也就是说，这两个事件的轻重程度应该是一样的才对。

那么，我们应该知道了，对于一件事情的轻重，千万不要按照自己的内心感受去判断，要根据实际的价值以及造成的影响，均衡对比后，再做出事件轻重程度的判断。当然，很多人没法如此理智地去判断，如果可以就不会有抱怨这一回事了。但是人是有克制力的，抱怨的那一瞬间，我们可以忽略，抱怨之后，我们应该努力克制情绪，理智分析事情的轻重，这样才能对一件事情做出正确的处理。如果盲目地认为自己很生气，那就会失去控制内心的主动权，最后只能被情绪驱使。

2. 根据事情轻重，把握抱怨的尺度

有位心理学家这么说过："一个不懂得心理控制的人，就不应该称之为完整的人，只是动物而已，因为人和动物的区别就在于人有情感控制力，这是人的优势。"所以，要做一个正常的人，就应该懂得如何去控制自己的情绪，把握抱怨的尺度。但是，我发现，很多抱怨者一般是不会顾及事情的轻重的，抱怨的时候情绪一触即发，这就导致了不可收拾的后果，往往把事情复杂化。所以，抱怨的时候要懂得把握抱怨的尺度，不要把所有的事情都放在一个程度上去抱怨。之前我们分析了应该怎样去判断事情的

轻重，在这里我们刚好可以用上，对于轻度的事件，我们要减小抱怨强度，遇到严重的，不妨再强烈地抱怨。

我们公司经常有人抱怨，特别是加班的时候。但是，即便经常有人抱怨，也不见有人因抱怨而引起打架或者集体罢工之类的严重事件，这是为什么？因为同事们都知道抱怨的轻重，懂得掌握抱怨的尺度，不多也不少，既发泄了自己的不满，也不至于导致他人的不悦，同时也把自己的抱怨传递给了该传递的人。

有人问，那我该如何把握抱怨的尺度？我抱怨就是想一下子把所有的不愉快都发泄出去，发泄完再说。其实这样的做法是不正确的，我们应该有所克制。

在我的中学时代，有位同学叫孙利，他是班里成绩最好的一位同学，大家都以他为榜样。有成绩好的，当然就有成绩不好的，成绩不好的同学有时会妒忌成绩好的同学。有位同学叫王陶，他就妒忌孙利学习好。有一天，孙利正在看书，王陶来到教室，瞟了一眼孙利，随口说了一句："有什么了不起，装什么正经，大家都在玩，看什么书，简直是书呆子。"

这句话让孙利听到了，便反问一句："关你什么事！"

王陶正在气头上呢，于是更加来劲了，抱怨道："老师就喜欢你这样的学生，我这样的呢？只能坐在教室最后一排，太不公平了，学习好就能享受最好的位置吗？"

这句话不是说给孙利听的，而是故意说给正在走廊的班主任听的，这时班主任当然不能假装没听到，于是走进教室跟王陶说："你误会了，孙利坐前面是因为他眼睛近视，而你个子又高，只好把你安排在后面，免得挡住别的同学。”

但是王陶还在继续抱怨：“从我来到这个班级，你就没有一次关心过我的学习，你就知道批评，难道我学习不好是我愿意的吗？”

班主任当然不能跟王陶计较，但是王陶似乎不解气，他走到讲台上，拿起粉笔就在黑板上写道：“班主任是浑蛋。”

这句话有点过了，引起了同学们的不满，班主任也有点生气，于是叫王陶下去，但是王陶没有听劝告，继续对班主任叫道：“你就是浑蛋，你就不应该在这里教书，你应该回家务农，你误了我的学习，我要报复你……”

就这样，王陶闯了祸，因为辱骂班主任被调换了班级。自此以后，王陶学习成绩越来越差，后来还在篮球场动手打老师，屡教不改之后，被学校劝退。

其实，王陶就是抱怨的强度太大了，他把所有的怨气一股脑儿地抱怨出来，不顾一切地发泄，以至于事情愈演愈烈，无法收场。之前也有同学像王陶那样抱怨过，比如抱怨：“成绩不好的学生不招老师喜欢啊！”或者干脆在自己的座位上刻上“这是差生的座位”，或者讽刺班主任的教育方式，仅此而已，都没有进一步发泄。所以，他们都没有走向极端的道路。

其实，在工作和生活中，我们也应该积极去掌握抱怨的尺度，分清事情的轻重。虽然抱怨是宣泄负面情绪的一种途径，但是并不倡导大家都变成抱怨者。在抱怨生活中大大小小的不如意时，先问一下自己：这件事真的值得我去抱怨吗？是要大动干戈，还是大事化小？

法则 2　有的放矢，找准对象

科技的进步使人与人之间的交流变得简单、方便，也导致很多人随意抓到一个人便开始抱怨，这样的抱怨方式，往往会让他们越陷越深，最后使自己的情绪越来越激烈。你有没有想过，这样的抱怨为何会无效?

这是因为大部分人仅仅是为了发泄而抱怨。这种宣泄也并非毫无价值，“一吐为快”会带来显著的轻松感，是缓解内在压力的“清肠剂”。但是要得到真正的心灵释放，就需要确定抱怨的对象能够“感同身受”。我们所体会到的心灵解放和宣泄压力的快乐程度，取决于倾听抱怨的人是否能理解我们表达的情感。

A 小姐因失恋在夜店买醉，冲到洗手间呕吐，刚好一个女人正在镜子前补妆，A 小姐气急败坏地说了一句发泄的话（有辱男同胞，此处略去），而那位小姐却瞪了 A 小姐一眼，转身离开了，A 小姐顿时心情跌落谷底。

这充分说明，在我们为寻求情感安慰而抱怨时（尤其在内心脆弱不堪或容易受伤害时），找准合适的抱怨对象很重要，否则不仅得不到你想要的温暖，还会雪上加霜。

是的，这是一个失败的案例，人不能随便抱怨，即便现在的抱怨管道多了，也不可以随便抱怨。你要做的是，要清楚你自己所抱怨的核心是什么，你要知道自己应该向谁抱怨。

1. 你要抱怨什么

前不久我去一家生意非常火爆的餐厅吃饭，边上坐了一家人。从那位父亲的表情可以判断出他们已经等了很久了，此时，他有些不耐烦了，一把抓住了一个路过的服务员，抱怨道："你还在我周围走来走去，你知道我已经在这里等了差不多半个小时了吗？你晃得我头都晕了。"那个服务员忙说："我这就离开。"便赶快走了。

其实，那位父亲并不是想抱怨这个服务员在他边上走来走去，而是抱怨餐厅这么久还没有给他们上菜。很明显，这位父亲不知道自己到底抱怨了什么，即使他自己心里清楚，可是当他抱怨出来的时候，完全是"心口不一"。

透过这个事情告诉大家一个道理，如果抱怨者没有准备好如何去表达自己的抱怨，或者不知道自己的抱怨内容是什么，说再多的话都是没有意义的。其实很多人都不知道自己要抱怨的内容，所以如果你问抱怨者"你在抱怨什么"，抱怨者一般会先停顿一下，然后更加恼火地说："说了这么多，你竟然不知道我在抱怨什么？"于是他会重新抱怨一遍，而且第二次抱怨与第一次抱怨会有些出入，或是抱怨的内容增多了，或是抱怨的方向跟之前的不一样了，还不一定能把抱怨的内容说清楚。

为了把抱怨这个课题研究透彻，我注意观察很多人的吵架方式。我经常会遇到一些人吵架，或是情侣吵架，或是听到隔壁的吵架声，或是在公司听到同事间的冷嘲热讽……反正，只要你留意，这个世界到处都有人吵架。但是如果你进一步留意，你会发现，这个世界上大部分人都不是很清楚自己为什么要吵架。

在河边散步遇到邻居的一对夫妻，吴昊和梁佳佳。刚开始的时候他们还很开心，可是说着说着就吵了起来，而且吵得很激烈，直到回家还在争吵。其实，他们结婚五年来，就没停止过这样的争吵，而且每次吵架都要闹离婚，在大家眼里，这是一对“问题夫妻”。

吴昊和梁佳佳吵架的时候，吴昊的母亲也在，劝他们说：“我真不懂你们年轻人，吃好穿好，为什么还要闹离婚，有什么过不去的坎？”

吴昊接着妈妈的话说：“不是经济问题，是人品问题。妈，你也看到了，就她这个样子怎么能把孩子教好？”

在一旁的梁佳佳不认输，她回应道：“我怎么不会教孩子了？孩子从小不都是我带着吗？你凭什么说我不会教孩子，孩子这不是好好的吗？”

好了，接下去的斗争想必大家可以想象到了，话题会越来越复杂，从教育孩子的问题一直吵到情感问题。当两人指责对方的爱情观点不正确的时候，妈妈突然说：“你们明明很相爱，为什么一定要吵架呢？”

的确，他们都爱着对方，就是没办法接受对方的观点，他们都过于自我。每当对方不接受自己观点的时候，他们就觉得难受。其实，他们也不见得知道谁对谁错。比如，在送孩子上学的问题上，吴昊觉得应该走小道，认为小道能让孩子远离车来车往的大道，避免危险。而梁佳佳认为要走大道，因为孩子能看到大街上形形色色的人和事，有助于孩子接触外界。关于这个问题，专家也未能得出结论。

既然没法得出最后的结论，肯定还要继续争吵。他们以为，只要对方承认错误了，他们就能很和睦地相处了。但是，事实刚好相反，他们两个人都在想着——如果对方承认错误就好了。其实，他们所抱怨的跟他们所争吵的一点都不一样，他们内心抱怨的是对方过于自我，希望对方承认错误，包容自己一点。但是他们吵架的时候却扯到孩子的教育问题或者情感问题上，所以他们这么一吵就吵了四五年，还差点离婚。这就是不知道自己要抱怨什么内容的后果。

2. 你该向谁抱怨

前面我们说过，找准对象抱怨能让你得到有效的抱怨，但是谁才是你该找的抱怨对象呢？用一句话即可概括，即“与你可以产生共鸣的人”。

很多人在抱怨之后换来了对方的愤怒或排斥，往往就是这个原因——没找准抱怨的对象，导致对方觉得你在胡搅蛮缠。

罗伊很温柔，但她常常被她丈夫“教育”。罗伊的丈夫经常这么说罗伊：“你啊，简直跟小孩一样，真不知道你是怎么搞的，你就不能长点心吗？有委屈你找我嘛。”这时，罗伊才能恢复平静，因为罗伊觉得丈夫给了她无限的安全感，所有的抱怨都烟消云散了。

其实，罗伊被丈夫数落的原因只有一个，罗伊经常会找一些不恰当的人进行抱怨，丈夫觉得罗伊给他丢脸了，于是经常教育罗伊——不能随便找人抱怨。但是罗伊好像始终找不对抱怨的对象，比如，罗伊会跟小区门口的保安人员抱怨家庭开支过大，这让小区保安觉得莫名其妙，因为罗伊跟小区保安的关系根本没熟到这个程度，这让罗伊的丈夫有些尴尬，保安也觉得哭笑不得。

最近罗伊又抱怨了，可抱怨的效果依然很差。罗伊是一名幼儿园老师，她喜欢小朋友，所以她经常会跟小朋友玩游戏，但是最近一名小朋友让她伤透了脑筋。这位小朋友喜欢捉弄老师，当罗伊在黑板上写字的时候，这位小朋友便用粉笔丢向罗伊的背，当罗伊转过身时，这位小朋友装得很乖地在写字，几次之后，罗伊实在受不了了，于是问道："小朋友们，你们看到刚才是谁拿粉笔丢老师吗？"这时，所有的小朋友都指着刚才用粉笔丢老师的那位小朋友。罗伊是老师，自然会原谅这位小朋友，谁知这位小朋友却站起来大声叫道："老师打学生了，老师打学生了……"罗伊并没有打这位小朋友，这位小朋友却陷害了她，罗伊对此束手无策。看着老师如此慌张的表情，全班小朋友哈哈地笑了起来。这一笑更让罗伊感到无助了，想起这几年的教育道路是如此的辛酸，她一下子哭了起来，边哭边对着全班的小朋友抱怨道："你们懂得尊师重道的道理吗？明明知道我是被冤枉的，你们还笑，我真是白教你们了……"

面对老师激动的情绪，才三四岁的小朋友们被吓到了，其中一个小女孩哭了起来，有一个小朋友哭，氛围就显得更加紧张，于是其他小朋友也跟着哭了起来。孩子们的哭声被园长听到了，园长过来一看，老师和小朋友都在哭。了解了事件的全过程后，园长跟罗伊说："你的抱怨对象错了，你不该跟孩子们抱怨，要抱怨找我好了。要知道，孩子们不懂你说的这些，加上你的情绪和哭声，他们会认为你在责怪他们，他们会很害怕，弱小的心灵会因此而受惊吓，严重的话，小朋友们会长时间记得你的这个样子，并对你避而远之。其实，这件事并不复杂，复杂的是你对孩子们抱怨的那一刻而已，如果没有你的那些抱怨，孩子们都理解你，你被一位小朋友陷害了，他们会站在你的立场理解你，并孤立拿粉笔丢你的那位小朋友，而那位小朋友因为受到其他同学的孤立，也会反省自己的行为，总有一天他会明白自己的错误，这件事情也就了结了。要知道，抱怨对象不是随便哪个人都可以的，很明显，小朋友并不能充当你的抱怨对象。”

是的，园长说的没有错，心理学咨询知识明确指出，语言交流是情感传递的重要元素，错误的语言交流会让事情变得复杂。在这里，我们把抱怨看作语言交流，错误的抱怨就是一次错误的语言交流，这种不科学的交流往往会招致对方的误解，甚至会以为被指责了，那么，这样的交流就失去意义了。

那么，到底是什么原因让人产生错误的抱怨行为（即向错误的对象进行抱怨）呢？又该跟谁抱怨呢？

事情就是这么奇怪，人就是这么不能顾及事情的全方面。罗伊就是其中的一个典范。在过去，宣泄只不过是抱怨的一种目的，一种我们处理问题时得到的额外补偿，这种补偿能安慰我们的内心，让一切不愉快云消雾散，但现在它已经变得有些不同了，不管什么时候，在谁的跟前都抱怨，最后的结果是：你的抱怨变成了一种指责。说到底，人们之所以这么容易向不该抱怨的对象进行抱怨，是因为过度地依赖抱怨。因为之前的你，体验过抱怨带来的“心情得到缓解”的快感，于是你便不加以控制地进行抱怨，所以你会在这种情况下（类似罗伊那种情况）不由自主地抱怨起来。

实际上，这种“一吐为快”会带来明显的轻松感，我们发泄那些令人烦躁的牢骚，正是为了体验发泄之后的轻松。但是，如果发泄的对象选择错了，不仅得不到想要的轻松感，还会导致他人更为激烈的反感，反而让你的心情更郁闷。

当我们想要抱怨的时候，我们应该考虑一个问题，找谁好呢？只要这个问题在你的脑海里闪过，你就会明白此时此刻你面前的人是不是你该抱怨的对象。

我们要知道，抱怨是希望有人来倾听，并给予我们安慰，或者找到共鸣的话题，以此分担内心的不满。这样才能产生积极的效应，内心才能得到缓解。对着不合适的人抱怨并不能缓解任何情绪，惯于抱怨的人最能体会这一点。

比如，走在路边，你突然跟一位陌生人抱怨："哎，今天老板又让我抓狂了。"这样的抱怨换不来想要的轻松，说不定对方还会把你当成一个神经病患者。但是如果你跟一个和你有类似感受的同事抱怨，那就会换来对方的共鸣，对方的一个眼神、一句赞同的话语，都能够化解你内心的不满。

所以，当你在想"我该找谁抱怨好呢"的时候，你应该想想谁了解你要抱怨的事情，并能理解你，跟你产生共鸣。我们回到罗伊的事情上来，如果罗伊回到家跟老公抱怨孩子们如何调皮，她也不会收到很好的抱怨效果，因为罗伊的老公根本没法体会幼儿园的那种气氛，最好的抱怨对象还是幼儿园园长，如园长所说的，"你的抱怨对象错了，你不该跟孩子们抱怨，要抱怨找我好了……"因为园长能理解幼儿园的氛围，更能理解这件事的本质，相信只要园长给罗伊一些安慰，罗伊的内心就能瞬间开朗起来，比在小朋友们跟前抱怨、在老公跟前抱怨都要实用。

要得到真正的认同，我们需要确定对方是否能够“感同身受”。我们所体会到的心灵解放和宣泄压力的快乐程度，取决于倾听我们抱怨的人是否能准确地理解我们表达的情感，是否发自内心地对我们的困境表达同情。

简而言之，这种情况下，我们需要让倾听者给予我们情感上的安全感，倾听者给予我们的慰问和同情越多，我们就越会觉得这次抱怨是有作用的。

法则 3 提出对策，解决问题

抱怨的时候，你是否只是一味地发泄不满而忽略了你是要解决问题的根本目的呢？如果是想要解决问题，为什么不提出有力的应对措施呢？为什么不和对方探讨一下如何解决问题呢？

当局者迷，旁观者清，这句话用在抱怨者的身上再恰当不过了。抱怨的人往往失去理智，忘记了自己抱怨的目的是什么。所以，如果在一个项目里有人抱怨，方案就会迟迟出不来，因为他们已经把解决问题的根本忘得一干二净了，他们只想让对方承认错误，或者只想让对方给他们多点安慰。

罗宾·科瓦尔斯基教授是一位研究抱怨行为的心理学家，有一次她让自己的学生们列出他们在两性关系中会抱怨的事情。他们列出的数目惊人，多到她必须将它们进行分门别类才能理解其中的意义。但是进一步研究却发现，这些人的抱怨，多数跟他们要解决的问题无关。比如，有人抱怨工作如此的艰辛，而实际上，抱怨者只是在抱怨丈夫不努力工作；有人抱怨自己养的花都凋谢了而自己却不知道，实际上，他们是在抱怨属于自己的自由时间是那么的少。

从这些案例可以看出，人们在抱怨的时候，大多不考虑自己要解决什么问题，而是根据情绪，再加上当时的氛围、环境，综合起来得出了他们当时的抱怨内容。这些抱怨的内容跟他们内心真实的抱怨内容差之千里，所以听者往往会觉得莫名其妙，或者觉得对方在故意刁难，于是矛盾被激起，往后的事就可想而知了。

1. 你为什么忽略了要解决的问题

我们来说说人们为什么在抱怨的时候会忽略要解决的问题，只要理解了这个问题，我们就能顺着这个问题找到解决的方法，也能找到如何让自己在抱怨的时候不陷入只是抱怨却没有解决问题的困境。

一位女士半夜三更打电话给她同学，一边哭一边抱怨道："我难受死了，我跟我老公彻底闹僵了，我们打算明天去办理离婚手续。"

"什么？离婚？怎么好好的就离婚？"

这位女士还是一边哭一边说："我一定要跟他离婚，真的没法过了。天气这么冷，叫他多穿一件衣服，他竟然反过来骂我啰嗦，我说他几句，他就摔东西。你知道吗？这已经不是第一次了，一直都这样，我真的没办法跟他相处了。"

这时，电话那头发出哈哈大笑的声音，或许你也觉得好笑，不是吗？不过，先别笑，可能你也这样过。你会因为你所爱的人不领你的情意而发狂，最后发展成吵架，导致情感破裂。其实，闹离婚的这位女士最初的愿望是希望对方多穿一件衣服，为什么却变成要离婚了呢？很明显，当局者已经忘记了最初想要解决的问题了。

澳大利亚的Sarah Edelman博士是一名专业的心理医生，他的认知行为治疗法为全世界人所接受。他的基本理论是，思维决定了行为，不同的思维就会导致一个人有不同的行为。对于情感，认知行为治疗法同样奏效。不同的思维就会有不同的情感体验，而决定思维的是一个人的认知，当一个人的认知正确的时候，他的思维和行为都朝着正确的方向发展，反之则朝着错误的方向发展。所以，一个人抱怨的时候，如果忘记了最初要解决的问题，认知思维转入了另外一种，那么他的行为会跟着思维而发生转变，由最初的愿望变成另外一个愿望。比如，你最初是希望对方安慰你，如果你的抱怨过火了，变成了指责对方，那么你的行为也就跟着指责对方了，最后双方变成了敌对的状态。

举个很小的例子，小时候妈妈总是骂我们，甚至打我们，而骂和打我们的理由仅仅是因为我们不好好吃饭。但是我们从来都不会说要离开妈妈，或者因此而讨厌妈妈，反而更爱妈妈了。这是为什么？因为妈妈的目的很明确，她打骂我们，就是为了迫使我们好好吃饭。她始终知道她在干什么，她要解决的问题是什么。但是，换一种抱怨方式，事情就不会是这样了。如果妈妈打我们，骂我们，不是叫我们好好吃饭，而是说我们怎么这么顽皮，或者扯到别的事情上，那我们会觉得妈妈无缘无故地打了我们，我们的内心会觉得妈妈在跟我们作对，纯粹是为了打我们一顿。这时，矛盾就会升级，问题也得不到解决。

回到刚才那位想要离婚的女士身上，我们用这个事例来分析一下，为什么会出现忘记最初愿望的这种情况。

电话那头笑完之后，这位女士很诧异地问道：“你笑什么，我要离婚很好笑吗？”

“别误会，我是觉得你们俩根本没什么问题，只是一些小事情而已，不必搞得这么大。”

女士继续哭，问道：“这事情还小吗？我们都要离婚了。”

“是的，小事而已，我问你，你爱他吗？”

女士停止了哭泣，不知道如何回答这个问题。又想了一下，她大叫一声：“啊，我们不能离婚。”

你看，只要提醒当事人是不是爱着对方，她立刻明白了他们的情感没问题，还没到要离婚的地步。但是，并不是谁都这么好运气有人提醒的。假如你和你爱的人吵架了，你们一气之下就分手了，后悔的只能是你们自己。

有朋友就问了，为什么这么浅显的问题，我们自己就不能发现呢？这就是当局者迷，陷入抱怨的海洋，几乎没有人能理智地看到自己的行为，而且喜欢跟着情绪走。所以，可以这么说，他们被自己的内心出卖了，一切都是内心惹的祸。他们急于跟随内心的感受，一点点忽略了最初的愿望，所以抱怨的内容也跟着偏离了。

当然，除了情绪容易使人在抱怨的时候忽略最初要解决的问题，也有因为习惯使人忽略了最初要解决的问题的。

比如，我有一位朋友，从小就心思缜密，敏感多疑，别人不经意脱口而出的一句话，他都要反反复复地去剖析这句话的含义,并曲解对方。这位朋友结婚后，这个毛病依然改不掉，每当他的妻子回家后，他总是要问一下妻子今天都做了些什么。刚开始的时候，妻子还能接受，也很乐意跟他分享一天下来的事情。但是久而久之，妻子就感觉不对劲了，于是反问他："你总是问我每天做了些什么，你不觉得累吗？"

他觉得妻子这么说，肯定是有事情瞒着他，于是更加来劲了。你知道，一旦这样的矛盾被激发后，吵架的场面肯定是少不了的。最后，事情越闹越大，好端端的婚姻被搅得一团糟。

在这个事情里，我的朋友就是认知习惯出了问题，他不科学的认知习惯让他对事情产生了猜疑。而整件事，都仅仅是内心活动在作怪而已，他把重点放在了猜疑上，而猜疑本身没有半点建设性作用，他忘记了，他的最初目的是要两人恩爱地过一辈子。

所以，很多时候，我们的行为或许都没有错，而是内心的习惯活动让我们执行了一些回想起来大家都觉得幼稚的行为。我们最初或许都不希望看到抱怨出来的结果，但是经过抱怨、人的情绪变化，或者思维习惯的不同让人对事物的理解发生了偏差，最终所关注的问题已经不在最初的问题上了，而最初的问题也被忽略了。这就是人为什么常常忽略了最初要解决的问题的原因。

2. 如何透过抱怨得出解决问题的方案

当然了，并不是说人一旦进入抱怨状态就无法自拔，人还是有一定理智在控制自身情感的，所以，抱怨的有效与否，就靠这仅存的一点理智思维去控制，让焦点回到那个最初要解决的问题上。但是也并不是所有有理智的人都能在抱怨的时候回到最初要解决的问题上，因为这里面包含抱怨的技巧，不会运用这些技巧的话，你有可能被对方继续"误导"，被带到一个更远的抱怨地狱里去，而你抱怨的目的也就无从谈起了。

有一次，我的朋友赵天全来找我，他跟我说了这么一个事，他说：“你知道吗？昨天我跟我太太吵了一架后，竟然解决了一个多年来我们一直感到痛苦的问题，这个问题就是家里的电视机是摆在客厅好，还是摆在我们俩的卧室好。最后我们决定还是摆在我们的卧室，这是我感到最有效的一次抱怨。”

我感到好奇，为什么抱怨还抱怨出解决方案了呢？

赵天全没有继续说他的故事，而是跟我说：“你知道罗宾·科瓦尔斯基教授吧？她是克莱姆森大学的心理学教授，算是抱怨心理学领域的领军人物，她的研究还涉及欺凌、戏弄、毁坏公物、欺骗以及背叛等行为。科瓦尔斯基教授将抱怨定义为：‘无论主观与否，抱怨是一种不满情绪的表达，其目的是发泄情绪或者达成某种心理目标或人际目的，或者二者兼而有之。’科瓦尔斯基对于抱怨的定义清楚地指出抱怨的一个主要作用是实现各种目标。然而，当研究人们为什么抱怨时，她发现人们抱怨时并没有把达到某个具体目标当作抱怨的主要动机。事实上，科瓦尔斯基发现除了发泄情绪之外，抱怨还具有几种重要的社交功能。”

听到这里，我明白他要说什么了，他想告诉我，其实抱怨可以起到交流的作用，并透过这些奇妙的交流得出两人一致认可的解决方案。

赵天全与他妻子的情况是这样的：赵天全在看电视，在卧室里的妻子开始叫他：“这么晚了还在看电视，你都不能来陪我说说话吗？我真的烦透你了，每天晚上都要在客厅里看电视，完全忽视我的存在。”

这时，赵天全有些不耐烦了，他抱怨道：“你就不能出来跟我一起看看电视？”

好了，问题终于随着他们的相互抱怨而升级了，赵天全抱怨妻子不出来陪他看电视，他妻子抱怨他不陪她说话，没有人愿意妥协。

正当抱怨升级的时候，赵天全突然想起了罗宾·科瓦尔斯基教授，他意识到，这个时候他们应该注重解决两个人是要一起看电视还是在一起说话的问题。于是，赵天全跟妻子抱怨说：“哎，这个电视摆设的位置根本就不合理。”妻子开始就这个问题展开响应：“为什么不好，摆在客厅不是很好看吗？电视本来就是摆在客厅的嘛，谁家的电视不是这么摆放的？”

赵天全这时抱怨道：“是啊，但是我们的情况不一样啊，你要我陪你说话，我觉得应该把电视搬到我们的卧室里，这样我可以一边看电视，一边和你聊天。”

妻子想了想，觉得还是挺有道理的，于是跟丈夫说：“我不管，我的愿望是你晚上能陪我说说话，至于你要把电视摆在哪里是你的事。”

赵天全见妻子这么说，便说道：“是啊，我的愿望是晚上能看足球比赛，我也不管电视机摆放在哪里，既然我们都不在乎摆放在哪里，何不把电视机摆在我们都能受益的地方？”

于是，赵天全把电视机搬回了他们的卧室，两人的抱怨就此结束。

其实抱怨的一个功能就是润滑剂，而且非常管用。回想一下你跟陌生人的谈话，你会尽力寻找那些使你们能联系在一起的喜好或厌恶，以便能够了解对方。很多时候，了解都是从表达抱怨开始的。譬如，一个人说：“我讨厌那部电影！”对方也许回答：“你也讨厌那部电影？噢！

天哪！我们真是心有灵犀！”两人因为电影而发现了他们的共同喜好，让谈话得以继续。

当然了，透过抱怨解决问题的方法很多，但是都离不开这样一个定律，即不管抱怨到什么程度，脑袋里一定要清晰地意识到最初需要解决的问题是什么，意识到这个问题，抱怨就有方向了，就可以构建一个有效的交流框架了。

法则 4　简洁明晰，避免啰嗦

你是否常常发现自己在一把鼻涕一把泪地抱怨生活不公的时候，却没人在乎，不被理解，甚至还被人说成唠叨？抱怨者给人的印象是啰嗦，而啰嗦给人的感觉是烦躁，烦躁的人不会得到别人的亲近，这是一个连锁反应。所以，不管你哭得如何伤心，也不会得到别人的同情和关爱，反而会引起对方的反感。

我不得不再次提起怨妇这个词，在前面我们说过关于怨妇的问题，在这里我再说一次，怨妇之所以变成“啰嗦”的代言人，是因为怨妇们常常不能使用简洁的语言对他人进行抱怨，所以怨妇往往是被人厌恶和惧怕的。其实，或许怨妇所抱怨的问题并没有错，却得不到别人的认可，这是抱怨方式的错误带来的悲剧。所以，我们有必要了解抱怨是怎么变成啰嗦的，同样也要学习如何把抱怨变得更简洁。

1. 抱怨为何变成了啰嗦

抱怨为何变成了啰嗦？大多数人没有思考过这个问题，因为他们已经习惯了啰嗦，甚至认为抱怨就是啰嗦，但是他们却不能习惯因为啰嗦引起的别人的厌恶感。这是一个多么矛盾的心理行为——不想被人讨厌，却不知道自己因为啰嗦已经使人厌烦，却怎么也停不下来，因为他需要抱怨。抱怨是生活中无法摆脱的产物，所以我们需要搞清楚，抱怨为什么变成了啰嗦。

一对男女，一见钟情，认识三个月左右就结婚了。刚开始的一段日子，两个人过得很幸福，可是没过多久，他们就开始了频繁的吵架，而他们吵架，是因为叠被子。丈夫是一名退伍军人，很喜欢把家里的被子叠得跟在部队的时候一样，有时候甚至还要用尺子来量一下才行，而妻子觉得这根本就没有必要。于是，丈夫每天都要抱怨妻子说："你看被子这么乱，这样很不好，如果有小孩，小孩会怎么看我们呢？一个人的内务整洁不整洁可以看出一个人的心态，你以后要学习这样叠被子……"

对，就是这样的抱怨，让妻子的压力越来越大。其实，妻子很明白丈夫只是沿袭了在部队里的一个习惯而已，并不是针对她。但是她怎么也没法接受丈夫这一行为习惯。

一天起床后，丈夫又开始很仔细地叠被子，妻子再也没法忍受丈夫每天这样叠被子了，于是上前把叠得方方正正的被子弄乱，叫道："你整天这么叠被子，烦不烦啊？干吗非得把这被子叠得这么整齐才满意？你是不是有毛病啊。"

丈夫当然很生气，他看着乱糟糟的被子回应："你这是什么毛病啊，我叠被子不行吗？也不影响你，你该干嘛干嘛去，你要是看不惯我叠被子，干吗还跟我结婚？"

"好，算我瞎了眼，行了吧。"

“是吗？现在后悔还来得及，你自己考虑吧，这是我的生活习惯，你要是再阻止我，我们还是分开过吧。”

至此，两人的情感出现了问题，没过多久，他们两人以离婚告终。

这个故事让我感到奇怪的是，一个丈夫为何如此啰嗦呢？心理学给了很好的答案，还是认知行为治疗法的理论，这个理论告诉我们，一个人的认知是什么样的，他的行为就会是什么样，一旦有人挑战他的行为，因为在认知上找不到答案，内心会处于异常纠结的状态，于是他必须得告诉别人，不要这样不要那样，因为这样那样违反了他的认知规律，他会感到不自在，不舒服，长期如此，有的人会表现出异常烦躁的现象。

人是很难改变自己的习惯的，也很难忍受别人的习惯。这是人性的弱点，特别是对于一个啰嗦的人，如果叫他不要啰嗦，这几乎等于要了他的命。因为多年的习惯是不那么容易改变的，但是如果对方顺应了他的习惯，他就自然而然地不啰嗦了。这证明了一个问题，人之所以啰嗦，完全是因为有人触碰了他的习惯底线。

2. 怎么才能让抱怨不啰嗦

要想自己在抱怨的时候不啰嗦，要记住一个关键的点，即传达的概念要简洁、有力。你知道人为什么重复说已经说过的话题吗？大多是因为说话的人认为他刚才说的话不够有力量，没有引起别人的注意，以为多说几次，就会让这些话具有足够的力量了。

我有位表姐，她是典型的爱抱怨、爱啰嗦的女人。有一次她从学校回到家，看到地板脏了，她抱怨道：“哎呀，地板怎么脏成这个样子。”她的第一句抱怨没引起其他人的关注，于是她便开始第二句抱怨："地板怎么这么脏啊。"

表哥注意到她的抱怨了，于是拿起拖把拖地板，但是表姐依然在抱怨："太脏了，你看，你看，你看这儿。"

之后便一边看表哥拖地，一边抱怨那句话："地板太脏了。"

"地板太脏了。"

"地板真的太脏了。"

……

最后全家人开始对她的抱怨感到不安了。由此，我发现了一个问题，其实抱怨者之所以显得啰嗦，是因为其他人对他的抱怨不够重视。

假如，我们回到刚才我表姐抱怨的场面，重新安排一下剧情，你会发现原来抱怨的人也可以不啰嗦：

我表姐从学校回到家，一进门口，看到家里的地板很脏，于是开始了第一句抱怨："哎呀，地板怎么脏成这个样子。"

这时，家里人纷纷因为地板脏的问题而展开行动，拿拖把的拿拖把，扫灰尘的扫灰尘……这样一来，表姐自然不会继续抱怨，因为她已经感受到了别人重视她的抱怨内容，就不会再因为地板的事而啰嗦个不停了。

其实，让我们的抱怨得到解决，这才是最重要的，采取行动去寻找解决方法总比陷入被动好。每个想抱怨的人，都会这么想：我要抱怨的事情对我来说非常重要，意义深远，或者对我会有长期影响。基于这样的想法，人们会比较在意自己的抱怨是不是为人所关注。如果得不到关注，或者得不到应有的响应，他会继续啰嗦。就像前面所说的军人一样，他希望妻子每天叠好被子，而如果妻子不关注并接纳他的习惯，他每天还是这么啰嗦下去，这样对大家都不好。

啰嗦也可以看作是一个人的投诉。抱怨者如果想得到理想的投诉结果，不一定要不断地强调你的投诉内容，因为这样会让你变得啰嗦。为了更有效地投诉，首先必须改变我们的方法，改变对自己过去失败的看法。如果过去的投诉都没能解决问题，那不是因为我们缺乏有效抱怨的能力，而是因为我们不懂得相关的技巧和知识。一旦我们学会有效地投诉，我们就会把先前失败的原因看成是外部的、暂时的，而不是固定的内部因素。

我们的抱怨在得不到别人的响应的时候，就继续加大力度去重复抱怨的内容，这是习得性的一种表现，认为只有这一条抱怨才是正确的，其实我们可以换一种方式去取得别人对你的抱怨的关注。就拿我表姐那个案例说吧，当表姐回到家，看到地板脏的时候，可以抱怨地板脏，但是如果没有人注意到，表姐就不应该再继续重复地板脏的话题了，当然了，也不能放弃抱怨，她可以给大家说一个跟地板相关的事情，让别人明白此时地板很脏，具体的事情情节要抱怨者自己去构思。这样就可以让人关注到你的抱怨，也不至于让人觉得你是啰嗦的了，复杂的抱怨也就变得简单化了。

我们在获取有效的投诉技能时，应该从小的或简单的投诉开始。这样做有益于我们重拾信心和力量，并且表明我们确实能够有效地进行投诉。一次成功的经历将会帮我们重燃乐观的火焰，以应对将来更加棘手、更加复杂的抱怨。

从心理学角度上来讲，我们所需要的只不过是一件确信一切都在我们掌控之下的实例，以及这样做产生的积极影响，促使我们相信我们并非无助。一个处理得很好的投诉，无论多小，都足以使我们认识到我们可以有所作为，而不是单单听天由命，等着事情发生。这样我们就不至于总是要反复强调要抱怨的内容了。

法则 5　坚持不懈，不要轻言放弃

有位同事抱怨别的同事打扰了他，但是他的抱怨总是受到很多人的攻击，在寡不敌众的情况下，他只能放弃抱怨，他的问题也一直没有得到解决，只能继续忍受着其他同事对他的打扰，后果就是他的工作成果日益减少，直接影响他的收入。他不得已地开始使用各种抱怨的技巧向他的同事发起进攻，最终换来了一个安静的工作环境。

所以，抱怨还是需要的。但是有些人顶不住“反对抱怨”的强大声势，抱怨之后没有看到成功的迹象，便草草收场，还落得被人说闲话——此人爱抱怨，没能力解决问题。

面对受到的不公平的待遇，还强迫自己保持淡定，在屡次申诉没有得到解决后就放弃，继续忍受，暗自愤怒、委屈……为什么在遇到这类情况时，你总是把自己定位为弱势的受害者而放弃自己应得的权益？这就是我们现在需要强调的观点，如何有效地坚持自己的抱怨，让抱怨发挥作用，保护自己的权益。

1. 为什么会选择忍

其实，忍耐并不是人的天性，忍耐是人类进化出的一种生存手段。在进化过程中，人们发现，有些事需要忍耐才能达到预期的目的，所以人们开始习惯忍耐，并把忍耐视为一种美德。

另外，“多一事不如少一事”的观念，让很多人对感到不满的事情选择回避，认为只要躲开了这件事情也就躲开了麻烦。但事实上往往是回避的事情越多，积累的麻烦也会越多。麻烦越多，需要忍的程度也就越大，最后忍无可忍，情绪会失控，内心不平衡，只能以崩溃告终。

我有位同学叫薛义，性格温和，身材矮小，很多同学见到他，总是要拿他逗乐，但是这位同学从不跟人计较。

有一次，薛义在教室外的走廊看书，突然一位调皮的同学跑过来把他的书抢走了，并戏弄他，希望薛义去追赶他。薛义知道对方的用意，于是就没去追那位同学，谁知那位同学不罢休，掏出打火机，做出要烧书的样子，薛义赶快追上去抢，就这样薛义追着那位同学满校园跑，最后还是追不上，而在场的同学都嘲笑薛义是个窝囊废，连自己的书都追不回来。

没办法，薛义只得放弃追赶回到教室。我问他：“你为什么不报告老师呢？”薛义的回答让我吃了一惊，他说：“不想惹事，多一事不如少一事，忍忍就过去了。”

如今回想起来，再仔细对照心理学研究，才知道薛义的这种心理是典型的“好孩子”心理，他受传统礼仪的束缚，让他变得不敢向复杂的事情多迈进一步。其实，有时候发发牢骚，抱怨两句，搞出点动静来，以获得关注，还是必要的。

后来，当进入社会之后我发现，其实很多人也跟薛义一样，都选择“多一事不如少一事”的处事原则。比如，我们公司每次开会时，老板建议大家踊跃提出意见，很多人表示不太愿意去充当那个说意见的“炮灰”。为什么呢？因为你假如说了什么对他人不利的意见，以后你在公司的人际关系会变得一团糟。所以大家在发言的时候都选择这样的内容：“我觉得现在挺好的。”“我的意见跟某某某的一样……”“挺好的，我同意……”，如此一来，整个公司的员工都变成跟屁虫了，公司因此显得毫无生气。

当然了，中国人喜欢把不好的留给自己，好的给大家分享，因为有孝道、奉献等道德约束，于是越来越多的人选择忍让，认为这样能减少不必要的麻烦。其实，不必要的麻烦并没有因为忍让而得到解决，只是被隐忍起来而已，时刻在内心里打转，忍到一定的程度，它迟早会爆发的。所以，我建议人们要对事情当机立决，该解决的立刻想办法解决，该抱怨的要及早抱怨，该发泄的也得发泄，这样的人生才健康。

2. 如何打破“忍”字，成功地抱怨一次

很多人不相信，有效的抱怨会像酒精一样让人上瘾，并且兴奋。当你成功地解决一件事情之后，你就会不断打破你原来的习惯，使用你刚学会的抱怨方式跟人交流。因为这种成功感让你体验到多年的忍耐终于有了出头之日，那种仿佛野马狂奔的感觉，会让一个受多年束缚的人感到愉悦，所以下次还想如此行事。

抱怨，是情绪瞬时的爆发，有时候想忍也没法忍，这是人的本能。按理说，在这里建议抱怨的人不要放弃抱怨，似乎是多余的。但是由于现在越来越多关于“理智”的励志书籍在教导人们要克制自己的情绪，所以还是需要强调一下，该抱怨的时候千万不要刻意地去克制。

在社交活动中，如果你没有沿用以前的忍耐风格，而是单刀直入，快言快语，你会感觉到那种真实的语言交流所带来的快感，你会很愿意打破以前忍让的习惯，你会寻找彼此的共同之处，那些使你们能联系在一起的喜好或厌恶，以便能够了解对方。很多时候，了解都是从表达抱怨开始的。譬如，一个人说：“我讨厌那个艺人！”对方也许回答：“你也讨厌那个人啊？噢！天哪！看来我们的眼光真一样！”

用抱怨来拉近人际关系有多种方式，“这天气真是热死人了！”“路上堵车真让人烦躁！”……不论这些抱怨是否与我们有关，它们通常都是良好对话的开端，说明我们找到了建立互动的支点。所以，在这种有利条件下还选择“忍”，无疑是在扼杀自己的交际能力。

同样，科瓦尔斯基发现人们抱怨的第一个动机是建立某种社交形象或者是在某一方面展现自我，这也是本能，如果忍，就是把本能丢掉了。所以，要坚持有效的抱怨，正常地发挥本能足矣。

想象一下，你的上司邀请你共进晚餐。他们都是品酒专家，一瓶典藏酒被打开，酒香四溢，而品酒的时候，专家甲露出痛苦的表情：“不怎么样。”专家乙抿了一小口，然后马上皱起了眉头：“太让人失望了吧！”专家丙不耐烦地附和：“他们也许还放了水果切片和樱桃呢！”现在轮到你了，你并非专家，你尝了一口酒，发现非常香醇，难道你会说“我喜欢！

把你的给我吧”？恐怕你只能附和你的上司，抱怨道：“这哪里是酒！这到底谁酿的！果汁厂吗？”这些都需要忍，克制自己内心真实的感受。但是，如果同样的事情和你没有利益冲突，你就不必忍着内心的无奈，强迫自己去说骗人的话了。

那要怎么做才能打破“忍”字呢？

我有一个朋友在同一家公司工作了五年，他第一次尝到抱怨的甜头，是因为跟老板要求加薪的事情。其实，他已经忍了很久了，每天加班，而且自己的工作也那么出色，为什么老板不给他加薪水呢？但是贸然要求又怕老板不高兴，于是选择了忍，但忍耐是有限的。于是他在一次例行会议上，大胆地跟老板抱怨：“老板，我真的感到工作的压力太大了，我有点扛不住了，扛不住是因为我付出了这么多，却得到这么少，如果老板给我增加一点薪水，相信我的内心会平衡一点，工作起来也会更加努力的。”

就这样，他的抱怨有效了，老板下午就决定给他加薪。对比一下抱怨前后你的生活有什么改变，你会发现，有效抱怨后的生活更美好。

法则 6　注意姿态，找到自己的角色定位

我注意到，有些人在抱怨的时候往往没有找到自己正确的角色定位，不管什么时候，在什么地方，在什么人面前，其抱怨的方式永远都是一样，这样很容易造成错误的抱怨，严重的别人会认为你在侮辱他。

我在一个庆功会上，看到这么一个女人，她是这个庆功会主人的女友，她的男友在讲台上发言，感谢了很多人，却偏偏没有提到她，于是，她不高兴了，气汹汹地走上讲台，夺过话筒说："难道我不是你应该要感谢的人吗？你谢了那么多人却忽略了我，我还是不是你女朋友？！"

此时，现场气氛很尴尬，庆功会的主人也很生气，他夺过话筒并大声呵斥女友："这种场合你也来捣乱，真是太胡闹了。"

其实，这个女人抱怨的内容是正确的，她男友应该感谢她，因为她帮助她男友渡过了种种难关，并一直陪在他身边支持他。只可惜她抱怨的不是时候，也不是地方，没有把自己的位置摆正。这些抱怨的话他们两个人可以在私底下说，不应该拿到庆功会的讲台上去说，这样抱怨就变质了。

其实，在生活上也是如此，你知道自己应该用什么样的姿态抱怨吗？员工、消费者、朋友、爱人，还是只是一个什么都无所谓的 loser？在抱怨时，

你一定要大吼大叫、怒目相向吗？用什么样的姿态抱怨才是最合适的呢？这是我们下面要讨论的话题。

1. 用不同的态度去抱怨有不同的效果

我罗列几种抱怨形式，供大家领会其中的奥秘。

第一种属于温柔型抱怨方式。这种方式多数用在男女情侣间的撒娇上，而且多半用于女性朋友身上较为恰当。这种抱怨方式被人称为温柔一刀杀。什么意思呢？就是对方感受不到“被指责”或者“产生厌烦感”，但是这样的抱怨又能瞬间被对方接受，并按照抱怨者的意愿去行事，可谓是最高明的抱怨艺术。

比如，有一对情侣最近在闹矛盾，女方认为要去旅游才能改善现在的心情，而男方则认为旅行不是解决心情唯一的方法，两人一起聊聊天，谈谈心，也是可以改善心情的。

就在他们互不相让时，女孩使出了温柔型抱怨方式，用温柔、性感的语句抱怨道：“哎，亲爱的，我现在真的很烦躁啊，我感觉只有旅行才能缓解得了，为什么你不同意，为什么，为什么呀……”

男方瞬时被这种温柔打败，并从内心接受了女生的要求。

第二种属于讽刺性抱怨方式。这种抱怨方式来得不猛烈，却能让人很快明白一些道理。比如，公司有员工偷懒，上班时间打游戏，被老板看见了，但是老板不想当面抱怨这位员工的行为。于是在一次会议上，他这么抱怨道：“哎呀，现在当员工真是好啊，上班都可以打游戏，我要是能做这样的员工该多舒服啊，只是不知道，这些员工的老板会作何感想啊。”

你看，这位老板的抱怨方式是不是很有意思，不针对谁，也能让上班打游戏的员工有所收敛。而自己的抱怨角色也摆得很正，起到了警告员工的效果。

第三种是先赞美再抱怨的抱怨方式。这种抱怨方式不至于刺激对方脆弱的神经，同时也达到了抱怨的目的，有时候甚至能让对方服服帖帖地听你的抱怨且还要表现出礼貌的表情。

尽可能以赞美的话语作为抱怨的开端，这样一方面能降低对方的敌意，同时更重要的是，你的赞美已经事先为对方设定了一个遵循的标准，让他们不好意思违背这个标准。记住，听你抱怨的人也许与你想抱怨的事情并不相关，甚至不知道情况为何，如果你一开始就大发雷霆，只会激起对方敌对、自卫的反应。

第四种是视环境而定的抱怨方式。如果你怒气冲冲地找上司表示你对他的安排或做法不满，很可能把他也给惹火了。所以即使感到不公、不满、委屈，也应当尽量先使自己心平气和下来再说。也许你已积聚了许多不满的情绪，但不能在此时一股脑儿地抖搂出来，而应该就事论事地谈问题，然后透过谈问题，再一点点地把抱怨的话说出来。

如果你过于情绪化将无法清晰、透彻地说明你的理由，而且还使领导误以为，你是对他本人而不是对他的安排不满，如此你就要另寻出路了。

第五种抱怨方式为抱怨后提出建议。当你对领导和同事抱怨后，最好还能提出相应的建设性意见，来化解对方可能产生的不愉快。即使你不能提供一个即刻奏效的办法，至少应提出一些对解决问题有参考价值的看法。这样领导会真切地感受到你是在为他着想。这样的抱怨方式能让对方感受到你的真诚，使你的抱怨奏效。

第六种是对事不对人的抱怨方式。你可以抱怨，但抱怨后，要让领导和同事切实感到你被所抱怨的事伤害了，而不是要攻击或贬低对方。对于绝大多数人来讲，别人透过一些事实证明自己错了是件很尴尬的事情，让上司在下属面前承认自己错了就更不容易，因此在抱怨后，你最好还能说些理解对方的话。切记，你抱怨的目的是说明自己要解决的问题，而非让别人对你形成敌意。

第七种是选择好时机再抱怨的抱怨方式。选择合适的机会再去抱怨，不然当大家都在气头上就开始抱怨，很容易造成对抗的局面。

比如，当上司正烦躁时，你去找他抱怨，岂不是火上浇油吗？即使你抱怨的内容很正当、合理，他也会对你反感、排斥。所以，等上司心情好了，再去找上司抱怨，这样他会容易接受一些。

当然了，还有很多抱怨方式，这里只是说了几种有代表性的，其实抱怨没有固定的章法，要看不同的人、不同的事、不同的环境而定。

2. 如何选择恰当的抱怨态度

选择一个合适的抱怨态度是非常有必要的，因为合适的抱怨态度可以让你的抱怨成功率大大提高。通常来说，一个合适的抱怨态度，取决于对事件、环境、对象以及场合的正确判断，不同的事件、环境、对象以及场合要有不同的抱怨态度。前面我们介绍了多种抱怨态度所带来的效果，现在我们来说说怎么选择合适的抱怨态度。

我们依照前面说过的几种抱怨方式来讲解。

当你面对比较亲密的人时，可以选择第一种抱怨方式，即温柔型抱怨方式，因为这种抱怨方式可以用较为亲密的方式进行抱怨，如果不是亲人，这样的抱怨方式就会不合时宜。试想，你跟一个陌生人用撒娇的语气抱怨，对方会认为你是什么样的人呢？所以，这里得出结论，当要跟亲人抱怨时，选择温柔型抱怨方式是比较合适的。

在对待下属的抱怨时，我们可以选择讽刺性抱怨方式。这种抱怨形式来得不猛烈，却能让人马上明白一些道理。因为是对下属抱怨，上司的表现不宜过于强烈，本来上司的抱怨已经让下属觉得很紧张了，如果还直来直往、强硬地抱怨，下属更会乱了方寸。所以上司可以用比较幽默或具有讽刺意味的形式去抱怨，这样既可以达到抱怨的目的，也不至于让下属过于紧张。

跟不太熟悉的人抱怨，如果过于直接或是猛烈，会让对方感觉你在让他难堪，从而造成更大的冲突。所以，在这种情况下，最好选择先赞美再抱怨的形式。你的赞美会让对方放松对你的警惕性，拉近两个人之间的关系，这时你再抱怨，对方也比较容易接受，不至于刺激对方敏感的神经，同时达到抱怨的效果。

在公共场合，我们要视环境而定，在不同的场合用不同的方式去抱怨。人多的时候，要小声点抱怨，让对方听到即可，给对方留面子，或是使用暗示性的语言表达你的抱怨。这样既照顾了对方的自尊，也达到了抱怨的效果。

当下属要抱怨上司的时候，我们可以选择第五种抱怨方式，即抱怨后提出建议。因为是上司，所以下属要懂得给上司一个台阶下，而抱怨后提出建议，就起到了给上司台阶下的作用。比如，抱怨结束后，下属可以说“其实，我的建议是，当然这只是我的建议……”这样的话。

在一些比较严肃的对话中，我们最好选择第六种抱怨方式，对事不对人的抱怨方式。对于绝大多数人来讲，别人透过一些事实证明自己错了是件很尴尬的事情，让对方在这么严肃的氛围下承认自己错了就更不容易，因此在抱怨后，你最好还能说些理解对方的话。切记，你抱怨的目的是说明自己要解决的问题，而非让别人对你形成敌意。

有一种抱怨方式是最常用的，在很多时候都可以使用，那就是选择合适的时机进行抱怨。不然大家都在气头上，这时就开始抱怨，不仅达不到抱怨的目的，还会使双方的气氛更为紧张，而选择好了时机再抱怨，是做过心理准备的，这样抱怨起来，大家就都能用理智的思维方式对待抱怨。

法则 7　保持自信，树立健康心态

很多时候，我们不是在抱怨生活的不如意，我们只是抱怨自己没有改变这些不如意状况的能力。当问题无法解决，当生活依旧艰难时，你要如何抱怨才能不会抑郁消沉，反而对自己和未来充满希望呢？总的来说，抱怨者要保持一种不卑不亢的心态，这样抱怨起来才能让对方感觉到你并非在指责他，对他进行人身攻击，或者能让对方感觉到，这样的抱怨是完全排除了辈分、等级区分的抱怨，也并没有不尊重的意思，只是在就事论事，这样才能做到有效的抱怨。

1. 保持自信是抱怨的必要条件

一个人自信心的强弱可以决定一个人的行为的强弱。有了这个定义之后，我们来说说抱怨与自信心之间的关系。

一个没有自信心的人，他的抱怨会显得很弱，他会试探性地抱怨，或者不敢抱怨，这是一个人的自信心与他的抱怨形式最直接的联系。

还记得本书前面说过的一个刚到我公司上班的女孩吗？她就是典型的

自信心不足的人，她之所以不敢抱怨，是因为她对她自己的工作能力根本没有自信，她怕说多了话，会让别人嘲笑她不会工作。

自信心能使抱怨者更为准确地传递抱怨的信息。在国家心理学咨询师教材里，关于表情的定义是，从内心传递出来的一种由脸部肌肉组成的语言符号。拿抱怨者来说吧，一个不自信的抱怨者，他会有不自信的信息表露在脸上，会与他所要表达的内容不匹配。比如抱怨者想抱怨对方偷懒，但是由于不自信，表情会显得有些迟疑，当对方看到抱怨者脸上迟疑的表情时，会在内心质疑抱怨者所抱怨的内容是否属实，于是会反问抱怨者："我真的有偷懒吗？"

由于抱怨者的不自信，被对方反问之后，会显得更加不自信，于是会迟疑一会儿，回忆、推测对方是否真的偷懒。这一迟疑，更让对方对抱怨者表示怀疑，于是说道："你可不能乱说话啊。"如果抱怨者不够自信，就会说："也许是我记错了吧。"

到这里，你会发现，原本要抱怨的内容现在变成了猜测，而对方也不会理会抱怨者所说的话，也就没起到任何抱怨的效果。

所以，抱怨者在抱怨之前，一定要有坚定的信心。如果换成一个很自信的抱怨者来抱怨对方偷懒，因为面部表情很坚定，所以对方不会反问"我真的有偷懒吗"这类的话，而是说"我没有偷懒。"这时就给抱怨者提供了一个为什么说对方偷懒的机会，如果抱怨者说的是有根据的，那么对方会被抱怨者彻底说服并加以改正。

2. 别让抱怨使你不健康

当然了，自信也不能成为抱怨的理由，只是有利于有效抱怨而已。如果拿自信作为抱怨对方的理由，那么这样的心态完全属于自负的表现，身心也就不健康了。

我之前有位同事，叫吴天海，工作上对业务很精通，但是他非常爱抱怨别人笨，别人什么都做不好，什么都不如他，使其他同事都不愿意配合他工作。

有一次，吴天海跟另外一位同事配合，与一个客户谈生意，他需要这位同事做技术上的支持，给客户讲解技术层面的内容，而他负责推销，但是，由于他的自负，没能和技术人员好好配合，以至于他被客户当成骗子赶了出来，这让吴天海倍受打击，很郁闷。

但是，吴天海有其自我医治的办法，他把全部怨气都撒在跟他一起去的同事身上，他开始在公司抱怨："什么技术员啊，连产品的技术优势都说不清楚，害得我被顾客赶出来。"从那以后，吴天海到了公司总是对着不同的人抱怨这件事情，仿佛永远都抱怨不完，其实，他就是想到处证明上次被客户赶出来不关他的事，并不是他销售水平差的问题，他完全忽略了是因为自己过于自负才使技术人员不愿意配合他，使他的抱怨变成了不健康、不合理的一种抱怨。

健康的抱怨就是有效的抱怨，这是每个人都应该去学会的一门艺术。但是这里要说的是，你的抱怨目的要建立在健康心理的基础上，不要因为一时的自卑或者贪婪而去抱怨他人。如果为了自我安慰而不断抱怨，那么就会变成一个需要别人来安慰的失败者。所以，抱怨有度，可别无休止地进行抱怨，也不能没有根据地抱怨，当然也不能丧失人格地往别人脑袋上乱扣帽子。这样不仅误导了他人，也让自己处于不健康的心理状态中，所以，建议大家，努力掌握抱怨的知识与技巧，端正自己的抱怨心态，保持健康、自信的心理，才能在抱怨的过程中建立起有效的交流，获得解决方案，这样的抱怨，才是有效的。